JN300115

11 電気・電子工学基礎 シリーズ

プラズマ理工学基礎

畠山力三・飯塚 哲・金子俊郎 [著]

朝倉書店

電気・電子工学基礎シリーズ　編集委員

編集委員長	宮城　光信	東北大学名誉教授
編集幹事	濱島高太郎	東北大学教授
	安達　文幸	東北大学教授
	吉澤　　誠	東北大学教授
	佐橋　政司	東北大学教授
	金井　　浩	東北大学教授
	羽生　貴弘	東北大学教授

序

　1920年代に電離した気体が「プラズマ」と命名されたが，中国語の"等量の電子とイオンが分離した物質"という意味の「等離子体」がそれを適切に表現しているといえる．1958年にジュネーブで開催された第2回原子力平和利用国際会議および同年の宇宙観測の幕開けを契機に，人類の究極のエネルギー源の開発を目指した核融合研究と人類の夢をかきたてる宇宙開発にかかわる宇宙物理学の研究に密接に連携して，プラズマの研究が本格的に展開されてから半世紀以上経っている．荷電粒子集団のプラズマは電磁界と容易に相互作用するので研究すべき多くの未知の領域が存在しているが，近年では主に電子と正イオンの挙動に基づくプラズマの物理的な性質の解明と応用に加えて，負イオンおよび化学的に活性な中性粒子も活用したプラズマ応用の研究も盛んになってきている．したがって，プラズマは21世紀の重点的研究分野と目されている環境・エネルギー，ナノテクノロジー・材料，ライフサイエンス・医療，宇宙などのフロンティア，情報通信そして安全安心社会のいずれにも，科学技術基盤として根幹的にかかわっている．

　このようなプラズマをとりまく状況において，電気・情報系を中心とする工学系の大学学部3年生の学生向けに入門的かつ系統的にプラズマの講義を行うためには，限られたページ数を前提とした場合には，既存の教科書では扱う項目・分野に偏りがあるなどの理由で不十分であることに気付いて，このたびの本書の執筆に至った．プラズマの性質を理解するためには，電磁気学，流体力学，統計熱力学，波動論，化学反応論などの幅広い基礎的素養が必要であるが，本書ではそれらの最小限の基礎知識で理解できるように組み立て，分かりやすい図をなるべく多くアレンジして，全体的には広範囲にわたるプラズマの現象と応用を理解するための基礎を提供するように努力をした．このことは入門的専門書を執筆する際に，理論家に必要でまた要望される数学的に厳密な解析法と実験家および技術者にとって重要な実際的な思考法の提供において，両者間のバランスを上手にとるように努めることにちょうど対応していると思われる．したがって，本書は学部3年生向けの教科書とはいえ，大学院初年級および企業の技術者のための入門的なテキストとして活用していただけるものと信じている．

以上の考えのもとに本書の構成においては，まず最初にプラズマ物理の必須的基礎として，プラズマの基本特性，プラズマの基礎方程式，プラズマの静電的性質，プラズマの電磁的性質について説明している．次に，実際にプラズマを作る上での基礎となるプラズマ生成の原理について説明して，続いてプラズマの生成法について述べている．さらに，プラズマを応用しようとする場合にただちに必要となる各種のプラズマ計測法について説明している．最後に，多くのプラズマ応用が展開されている現状において，エネルギーとエレクトロニクス，および材料・環境・宇宙工学とナノバイオ工学・医療へのプラズマ応用に整理して概説している．真理探究に向かって現在いろいろな分野の専門の基礎を学びつつある夢多き若人諸君が，ひとたび本書をひもとくことによってプラズマ理工学に親しみを感じ，忍耐強くより一層学びを深めてプラズマ関連分野で活躍し，豊かな国際未来社会創成に貢献してくれることの一助となれば，筆者として望外の喜びである．

　執筆にあたり，図表や説明法なども含め国内外の優れた多くの著書を参照させていただいた．各著者の先生方に敬意と感謝の意を表します．研究室の加藤俊顕助教，大石あき秘書，各学生の諸氏には図表などの整備や事務的な面で多大なる助力をお願いしました．また，朝倉書店編集部には最後まで辛抱強く本書の執筆にご尽力いただきました．これらすべての方々には深く感謝いたします．

　東日本大震災の年 2011 年の 12 月

畠　山　力　三
飯　塚　　　哲
金　子　俊　郎

目　　次

1. **プラズマの基本特性** 1
   1.1　プラズマとは 1
   1.2　プラズマの密度と温度 3
   1.3　粒 子 的 挙 動 5
   　　1.3.1　サイクロトロン運動 5
   　　1.3.2　磁気モーメントの断熱不変性 7
   　　1.3.3　磁力線を横切るドリフト 8
   　　1.3.4　クーロン衝突 13
   　　1.3.5　荷電粒子の拡散 15
   　　1.3.6　プラズマの電気抵抗 17
   1.4　集 団 的 挙 動 19
   　　1.4.1　デバイ遮蔽 20
   　　1.4.2　プラズマのシース 21
   　　1.4.3　プラズマ振動 25
   　　1.4.4　プラズマの存在条件 26
   1.5　主な基本的プラズマ・パラメータの数値 27

2. **プラズマの基礎方程式** 30
   2.1　プラズマ物理学と電磁気学の関係——マクスウェルの方程式 30
   2.2　分布関数による平均化 31
   2.3　プラズマの二流体方程式 32
   2.4　電磁流体力学方程式 34

3. **プラズマの静電的性質** 36
   3.1　は じ め に 36
   3.2　電　子　波 38
   3.3　イオン音波 39

 3.4 ペアプラズマ波 ·· 42
 3.5 イオンサイクロトロン波 ·· 43
 3.6 ドリフト波 ·· 45
 3.7 無衝突減衰 ·· 46
 3.8 非線形現象と乱れ ·· 48

4. プラズマの電磁的性質 ··· 50
 4.1 プラズマ中の電磁波 ·· 50
 4.2 表面波 ··· 53
 4.3 外部磁界が存在する場合の電磁波 ·· 54
 4.4 磁力線の凍結 ··· 56
 4.5 磁気圧とピンチ現象 ·· 57
 4.6 アルフベン波 ··· 59
 4.7 磁力線の繋ぎ替え ·· 61
 4.8 天体からの電磁放射現象 ··· 62

5. プラズマ生成の原理 ·· 64
 5.1 衝突断面積と平均自由行程 ·· 64
 5.2 励起と電離 ·· 66
  5.2.1 弾性衝突 ··· 66
  5.2.2 非弾性衝突 ·· 67
  5.2.3 原子の内部エネルギー状態 ·· 68
 5.3 放電開始条件 ··· 69
 5.4 パッシェンの法則 ·· 71
 5.5 コロナ放電・グロー放電・アーク放電 ································· 74
  5.5.1 コロナ放電 ·· 75
  5.5.2 グロー放電 ·· 76
  5.5.3 アーク放電 ·· 77
 5.6 両極性拡散 ·· 77
  5.6.1 拡散と移動度 ··· 78
  5.6.2 両極性拡散 ·· 78
  5.6.3 拡散によるプラズマの時間空間変化 ··························· 79

　　　　5.6.4　磁界を横切る拡散 ………………………………………… 81

6. プラズマ生成法 ……………………………………………………… 84
　6.1　熱電離・接触電離によるプラズマ生成 ………………………… 84
　6.2　直流放電プラズマ源 ……………………………………………… 86
　　6.2.1　平行平板型プラズマ源 …………………………………… 86
　　6.2.2　ホロー陰極放電プラズマ源 ……………………………… 87
　　6.2.3　クロスフィールド放電プラズマ源 ……………………… 88
　　6.2.4　直流マグネトロン放電プラズマ源 ……………………… 88
　6.3　高周波放電プラズマ源 …………………………………………… 89
　　6.3.1　容量結合型高周波放電プラズマ源 ……………………… 90
　　6.3.2　誘導結合型高周波放電プラズマ ………………………… 92
　6.4　マイクロ波放電 …………………………………………………… 95
　6.5　電子サイクロトロン共鳴プラズマ源 …………………………… 97
　　6.5.1　衝突性プラズマの電子サイクロトロン共鳴加熱 ……… 97
　　6.5.2　無衝突プラズマの電子サイクロトロン共鳴加熱 ……… 99
　　6.5.3　ヘリコン波プラズマ源 …………………………………… 100
　6.6　光・レーザー生成プラズマ源 …………………………………… 101
　6.7　強結合プラズマ源 ………………………………………………… 104

7. プラズマの計測 ………………………………………………………… 107
　7.1　静電プローブ法 …………………………………………………… 108
　　7.1.1　シングルプローブ法 ……………………………………… 108
　　7.1.2　ダブルプローブ法 ………………………………………… 109
　7.2　エネルギー分析法 ………………………………………………… 110
　　7.2.1　ファラデーカップ ………………………………………… 110
　　7.2.2　静電偏向型エネルギー分析器 …………………………… 111
　　7.2.3　磁界偏向型エネルギー分析器 …………………………… 111
　7.3　磁気プローブ法 …………………………………………………… 112
　　7.3.1　単純コイル ………………………………………………… 112
　　7.3.2　ロゴスキーコイル ………………………………………… 112
　7.4　電磁波による計測法 ……………………………………………… 113

7.4.1 透過法 ··· 113
7.4.2 反射法 ··· 113
7.5 レーザーによる計測法 ··· 114
7.5.1 干渉法 ··· 114
7.5.2 トムソン散乱法 ··· 114
7.6 発光による計測法 ·· 116
7.6.1 スペクトル線強度比法 ··· 116
7.6.2 スペクトル線幅による計測 ··· 117
7.7 ラジカル計測法 ··· 118
7.7.1 レーザー吸収法 ··· 118
7.7.2 レーザー誘起蛍光法（LIF） ·· 119
7.7.3 コヒーレントアンチストークスラマン分光法（CARS） ······ 119

8. エネルギーとエレクトロニクスへのプラズマ応用 ························ 123
8.1 制御熱核融合の原理 ·· 123
8.2 核融合プラズマによる発電 ·· 126
8.3 低温プラズマプロセス——薄膜形成 ··································· 129
8.3.1 プラズマ化学気相堆積法 ·· 129
8.3.2 スパッタ堆積法 ··· 131
8.3.3 プラズマ重合 ·· 132
8.4 低温プラズマプロセス——エッチング ······························· 132
8.4.1 プラズマエッチングの原理 ··· 132
8.4.2 異方性エッチング ·· 133
8.4.3 反応性イオンエッチング ·· 133
8.5 低温プラズマプロセス——表面改質 ··································· 134
8.5.1 表面改質の原理 ··· 134
8.5.2 イオンプレーティング ·· 135
8.6 光源へのプラズマ応用 ··· 135
8.6.1 照明への応用 ·· 135
8.6.2 レーザーへの応用 ·· 137
8.6.3 プラズマディスプレイ ·· 139

9. 材料・環境・宇宙工学とナノバイオ工学・医療へのプラズマ応用 ····· 141
9.1 熱平衡プラズマの発生と応用 ················· 141
9.1.1 直流アーク放電プラズマ ················ 141
9.1.2 大気圧熱プラズマジェット ··············· 143
9.1.3 熱電離プラズマ ······················ 143
9.1.4 熱平衡プラズマプロセシング ············· 144
9.1.5 熱平衡プラズマ廃棄物処理 ··············· 145
9.2 大気圧非平衡プラズマの発生と応用 ············ 145
9.2.1 大気圧非平衡プラズマの原理 ············· 145
9.2.2 大気圧非平衡プラズマの応用 ············· 146
9.3 液体が関与するプラズマの発生と応用 ··········· 147
9.3.1 液体中におけるパルス放電プラズマ生成 ····· 148
9.3.2 液体中におけるアーク放電プラズマ生成 ····· 148
9.3.3 液体を電極としたプラズマ生成 ··········· 149
9.4 プラズマ推進機への応用 ···················· 150
9.4.1 プラズマ推進器の原理 ·················· 150
9.4.2 比推力と比出力 ······················ 151
9.4.3 イオンエンジン ······················ 152
9.4.4 ホール推進機 ························ 152
9.5 ナノテクノロジーへのプラズマ応用 ············ 153
9.5.1 トップダウンとボトムアップ ············· 153
9.5.2 半導体集積回路プロセス ················ 154
9.5.3 新規ナノ物質創製 ···················· 155
9.6 バイオテクノロジーへのプラズマ応用 ··········· 156
9.6.1 滅菌・殺菌 ·························· 156
9.6.2 凝固・治療・手術 ···················· 157
9.6.3 製薬・ドラッグデリバリーシステム ······· 157
9.6.4 バイオ分子デバイス ···················· 158
9.7 時代を歩み牽引するプラズマ──進展するプラズマ応用 ········ 159

演習問題解答 ·· 160
参考文献 ·· 175
索　　引 ·· 176

1 プラズマの基本特性

1.1　プラズマとは

　よく知られているように，氷を加熱すると水になり，もっと加熱すると水蒸気になる．一般に，固体にエネルギーを与えると，順次に液体，気体になる．さらに加熱によりエネルギーを加えると，原子同士が高いエネルギーで激しく衝突し電子と正イオンに分かれ（この現象を電離と呼ぶ），図 1.1 のように気体はプラズマ（plasma）になる．このため，プラズマは，物質の第 4 の状態（the fourth state of matter）とも呼ばれ，物理的にも，また化学的にも，他の物質状態には見られない様々な性質を示す．

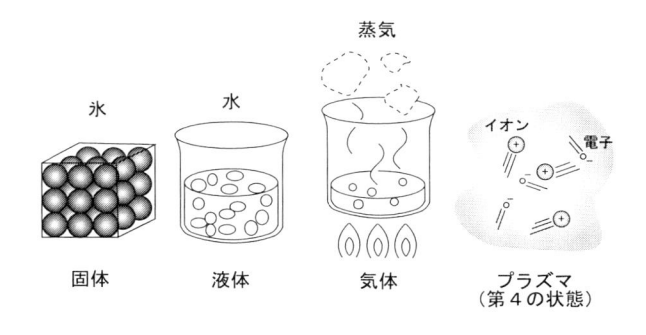

図 1.1　物質の状態

　プラズマの語源はギリシャ語で母体，基盤を意味し，また，生物・医学方面では，今日でも原形質や輸血の際の血漿の意味に使われていて，極めて本質的なものという意味のようである．これが本書でいう電離気体の意味で使われ出したのは 1920 年代末頃で，ノーベル化学賞を受賞し，放電物理や電気力学の分野で活躍したアメリカのラングミューア（I. Langmuir）による．

　プラズマは概念的には，上記のようにいわゆる**電離気体**と考えてよく，平均的

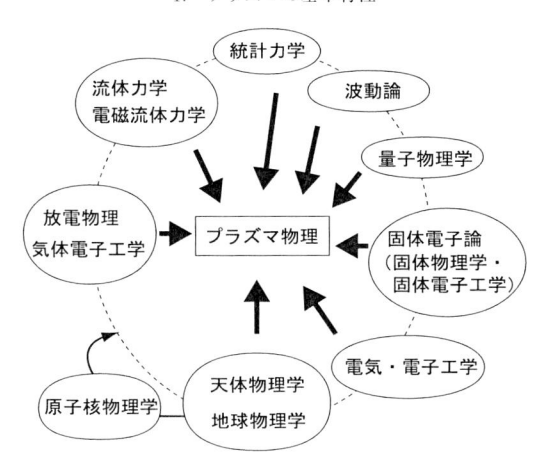

図 1.2 プラズマ物理のいろいろな分野との関連

に電気的中性を保つ正負の荷電粒子群の集合体を意味するが，もう少し厳密には，次の条件をすべて満たす粒子の集合体と定義される．

(1) 正負の荷電粒子群を同時に含む媒質であること．
(2) 空間のどの部分をとっても，平均的には負電荷（電子）と正電荷（正イオン）の密度（単位体積あたりの総電荷数）が等しく，巨視的な電気的中性が保たれること．
(3) 正負両電荷群の少なくとも一方（多くは両方とも）が不規則な熱運動を行っていること．
(4) 二つの荷電粒子が力を及ぼし合う平均距離（デバイ長）より十分大きな媒質空間であること．

上記 (4) のデバイ長については 1.4 節で詳しく述べるが，この寸法より小さな空間では，もはや電気的中性は保証されず，その大きさはプラズマの主要パラメータである電子温度 (T_e) と電子数密度 (n_e) を用いると，$(T_e/n_e)^{1/2}$ に比例し，実在のいろいろなプラズマで，この寸法は大幅に変化する．

荷電粒子密度に比べて中性気体密度が多い場合を低電離プラズマと呼び，荷電粒子のみで中性気体が存在しない場合を完全電離プラズマと呼ぶ．プラズマと通常の気体とを比べたとき，明確に異なる点は電磁界に対する振る舞いであろう．気体は普通，電気的な絶縁物であるのに対し，導電性を有するプラズマは電磁界

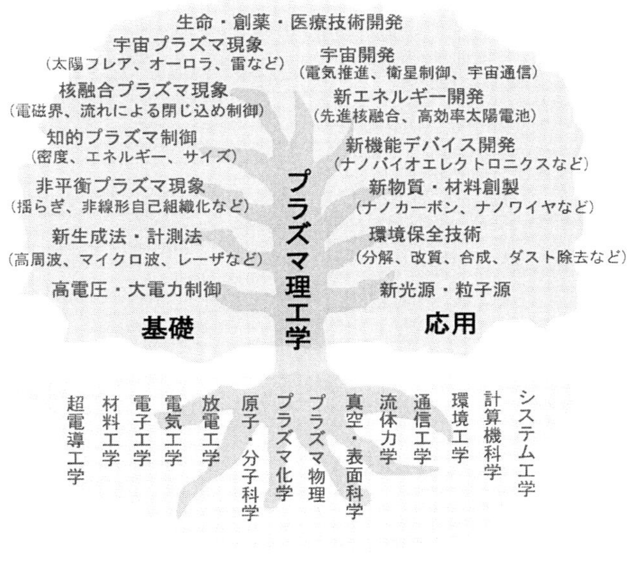

生命・創薬・医療技術開発
宇宙プラズマ現象
（太陽フレア，オーロラ，雷など）
宇宙開発
（電気推進，衛星制御，宇宙通信）
核融合プラズマ現象
（電磁界，流れによる閉じ込め制御）
新エネルギー開発
（先進核融合，高効率太陽電池）
知的プラズマ制御
（密度，エネルギー，サイズ）
新機能デバイス開発
（ナノバイオエレクトロニクスなど）
非平衡プラズマ現象
（揺らぎ，非線形自己組織化など）
新物質・材料創製
（ナノカーボン，ナノワイヤなど）
新生成法・計測法
（高周波，マイクロ波，レーザなど）
環境保全技術
（分解，改質，合成，ダスト除去など）
高電圧・大電力制御
新光源・粒子源

プラズマ理工学

基礎　　応用

システム工学
計算機科学
環境工学
通信工学
流体力学
真空・表面科学
プラズマ物理
プラズマ化学
原子・分子科学
放電工学
電気工学
電子工学
材料工学
超電導工学

図 1.3　プラズマ理工学の関連分野

と相互作用を行い，いろいろと特徴的な特性を示す．さらに，プラズマの性質で非常に重要な点は，1.3 節と 1.4 節で述べるように，プラズマのもつ二面性——すなわち，粒子的性質と集団的性質である．

プラズマの物理現象を系統的に扱おうとする，いわゆる「プラズマ物理学」は図 1.2 に示したように，異なった多くの分野から関連性を保ちつつ生まれてきた．また，プラズマの物理，化学，さらに応用を含む「プラズマ理工学」の関連分野は，図 1.3 のようにきわめて学際性に富んでいる．これは，プラズマが集団的・協同的性質，非平衡性，非線形性そして反応性を有していることに起因しており，プラズマ理工学は現代の科学の中枢に位置しているといわなければならないであろう．

1.2　プラズマの密度と温度

プラズマ密度 $n(\boldsymbol{r}, t)$ は，単位体積（m^3 または cm^3）あたりの電子または正イオンの個数として定義され，一般的には場所（$\boldsymbol{r}$）と時刻（t）の関数である．原子

番号 1 の水素プラズマでは電子密度 (n_e) とイオン密度 (n_i) とは等しいが，多価イオンが存在する場合は巨視的な電気的中性の基本要件から，j 番目の多価イオン群の粒子密度を n_{ij}，イオン価数を Z_j とすれば

$$n_e = \sum Z_j n_{ij} \tag{1.1}$$

の関係がある（$\sum$ は j についての和）．

プラズマ温度（電子温度 T_e とイオン温度 T_i）の概念は，通常の中性気体における運動論的温度と同様に，粒子速度またはエネルギーの分布がマクスウェル分布である熱平衡状態に近いことを前提として，粒子群の無秩序な熱運動の平均運動エネルギーの大きさを表す指標である．温度の単位は絶対温度（K）よりも電子ボルト（eV）のほうがよく用いられる（1 eV = 11600 K～1 万度，e は素電荷で値は 1.60×10^{-19} C である）．

粒子群の各速度に対する相対的な平均粒子数を表す**速度分布関数**は，場所 r と時刻 t を省略して，$f(v)$ と書くことにすると，マクスウェル分布の場合は x 方向の速度成分について

$$f(v_x) = n \left(\frac{m}{2\pi\kappa T}\right)^{1/2} \exp\left(-\frac{mv_x^2}{2\kappa T}\right) \tag{1.2}$$

と表される（m は粒子質量，κ はボルツマン定数 $1.38 \times 10^{-23} J/K$）．図 1.4 に示すように，速度分布の広がりを特徴づける速度を熱速度と呼び，$v_t = (2\kappa T/m)^{1/2}$ で表される．

自然あるいは実用的応用に現れるプラズマはきわめて多種多様である．これをプラズマ密度とプラズマ温度をそれぞれ横軸，縦軸にとった 2 次元パラメータ領

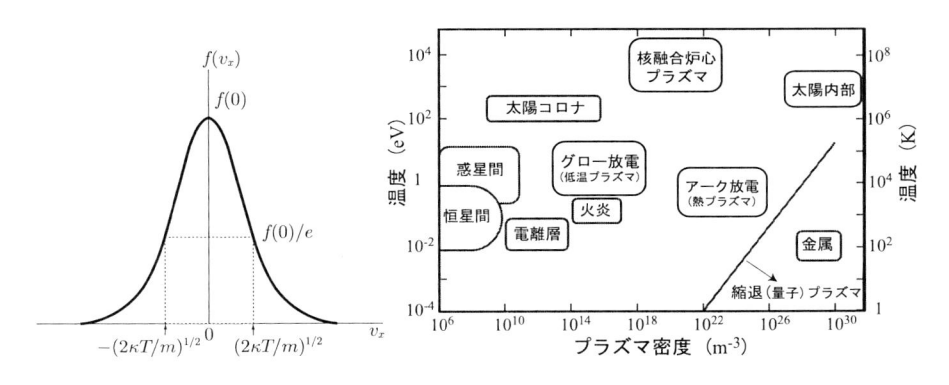

図 1.4 マクスウェルの速度分布

図 1.5 多様なプラズマのパラメータ

域内で示したのが図 1.5 である．両軸ともにきわめて広範囲にわたっていて，これはプラズマがいかに自然現象および工学・技術の広い領域に関わっているかの証拠といえる．

1.3 粒子的挙動

電磁界中で個々の荷電粒子がどのような軌道運動を行うかを知ることは，起こりうるプラズマ集団現象を考察する上で役立つ場合が多い．以下典型的ないくつかの場合について要約する．

1.3.1 サイクロトロン運動

一様定常な電界 $\boldsymbol{E}$ および磁束密度 $\boldsymbol{B}$（以下においては便宜上，磁界と表記する場合もあるが，原則として磁界は $\boldsymbol{H}$ で表す）における，電荷 q の荷電粒子の運動方程式は次のように書き表される．

$$m\frac{d\boldsymbol{v}}{dt} = q(\boldsymbol{E} + \boldsymbol{v} \times \boldsymbol{B}). \tag{1.3}$$

電界 $\boldsymbol{E}=0$ の場合は，荷電粒子は磁界中でローレンツ力を受け，この求心力のため磁力線のまわりを回転する運動が現れる．図 1.6(a) に示すように，磁力線に垂直な平面内で速さ $v_\perp$ の電子（$m=m_e$, $q=-e$）を考えると，遠心力とローレンツ力との平衡の式は

$$\frac{m_e v_\perp^2}{r} = ev_\perp B \tag{1.4}$$

である．ここで r は円軌道の半径であり，ラーマー半径（Larmor radius）と呼ばれ，$r=r_{ce}$ とおくと

$$r_{ce} = \frac{m_e v_\perp}{eB} \tag{1.5}$$

となる．回転の角速度は，サイクロトロン角周波数と呼ばれ

$$\omega_{ce} = \frac{v_\perp}{r_{ce}} = \frac{eB}{m_e} \tag{1.6}$$

で与えられる．磁界が強いほど，ラーマー半径は小さくなり，サイクロトロン周波数は高くなる．

また，質量の軽い電子のラーマー半径およびサイクロトロン周波数は，重いイオンのそれらよりそれぞれはるかに小さいおよび高い値となる．電子（$q<0$）は磁力線に対し右ねじの旋回方向に，イオン（$q>0$）は逆に左ねじの旋回方向に

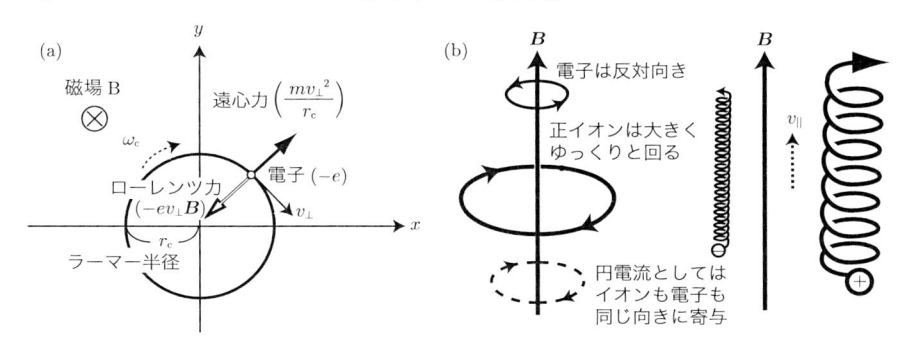

図 1.6 (a) 荷電粒子のラーマー運動 (B が読者から紙面の方を向いている) および (b) 一様磁界中の電子とイオンの螺旋運動

回転する．つまり，荷電粒子は円内の外部磁界を打ち消す方向に旋回し，この性質を**反磁性**（diamagnetism）という．

以上まとめると，一様定常磁界中の荷電粒子の運動は，1本の磁力線のまわりの円運動と，磁力線方向の等速度運動を合成したものとなり，その軌道は図1.6(b) に示すように螺旋状となる．円運動の中心を**案内中心**（guiding center）という．後掲の 1.5 節では，典型的な磁界と温度におけるラーマー半径とサイクロトロン周波数 $f_c (= \omega_c/2\pi)$ を示してある．ただし，$mv_\perp^2/2 = \kappa T$ とした．

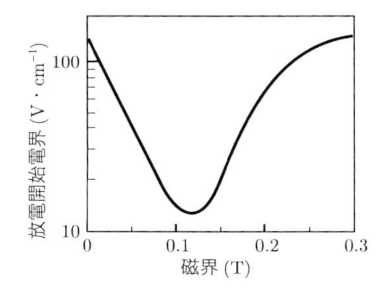

図 1.7 ECR の効果 (1 Torr, He, $f = 3.1$ GHz)

なお，サイクロトロン運動している荷電粒子に外から角周波数 ω の高周波電界を印加すると，$\omega = \omega_c$ のときには共鳴的に荷電粒子が加速される現象があり，電子（イオン）サイクロトロン共鳴と呼ばれている．この原理は，核融合プラズマの電子とイオンを加熱してそれらの温度を上昇することに利用されていて，電子（イオン）サイクロトロン共鳴加熱（electron (ion) cyclotron resonance heating: ECRH (ICRH)）と呼ばれている．また，電子サイクロトロン共鳴の場合には，高い運動エネルギーを得た電子が気体原子と頻繁に衝突して電離を促進するので，図 1.7 に示すように低い電界での放電開始が可能となり，効率的なプラズマ生成法として利用されている（**ECR 放電プラズマ**）．

1.3.2 磁気モーメントの断熱不変性

サイクロトロン運動の場合，電荷 q の粒子が 1 秒間に $\omega_c/2\pi$ 回だけ半径 r_c の円運動を行うので，電流ループの面積は $S = \pi r_c^2$，電流は $I = q\omega_c/2\pi$ である．一般に電流ループの**磁気モーメント**は $\mu = IS$ と定義されるので，式 (1.5) と式 (1.6) を用いて書き換えると

$$\mu = \frac{qr_c^2\omega_c}{2} = \frac{(mv_\perp^2/2)}{B} = \frac{W_\perp}{B} \tag{1.7}$$

を得る．ここで，$W_\perp$ は B に垂直方向の粒子運動エネルギーである（注：$W_\parallel$ は平行方向の運動エネルギーを表す）．

図 1.8 のように空間的に不均一な磁界中を荷電粒子がサイクロトロン運動するとき，磁気モーメントが保存されること（$\mu = $ 一定）が以下のように証明される．今，ほぼ z 方向を向いた磁界がわずかに B_r 成分を持ちながら変化する場合を考え，一つの粒子の案内中心がこの磁力線に沿って

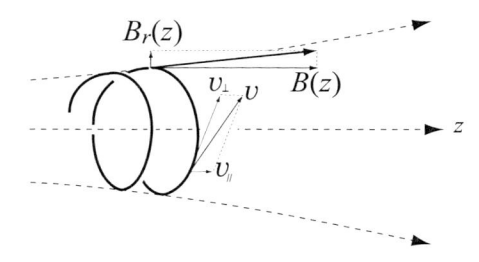

図 1.8 磁界が磁力線方向に変化

動いているものとする．軸の中心近傍だけを考えているので軸対称磁界配位の場合，B_r は $\nabla \cdot \boldsymbol{B} = 0$ を円柱座標で表した式 $r^{-1}\partial(rB_r)/\partial r + \partial B_z/\partial z = 0$ から求まる．$\partial B_z/\partial z$ が粒子のラーマー半径の範囲では r に依存しないとすると，

$$B_r(r = r_c) = -\left(\frac{r_c}{2}\right)\frac{\partial B_z}{\partial z} \tag{1.8}$$

を得る．

さて，粒子はラーマー運動の元である B_z による求心力のほかに，B_r による z 方向の電磁力 $F_\parallel = m(dv_\parallel/dt) = qv_\perp B_r$（図示の場合は加速力）を受ける．これを式 (1.8) を用いて書き直し，式 (1.7) を考慮すると（$r \sim r_c$ として）

$$F_\parallel = -qv_\perp\left(\frac{r_c}{2}\right)\left(\frac{\partial B_z}{\partial z}\right) = -\mu\left(\frac{\partial B_z}{\partial z}\right) \tag{1.9}$$

と書ける．一方，粒子の全運動エネルギー W は保存されるので，$m(v_\parallel^2 + v_\perp^2)/2 = W_\parallel + W_\perp = $ 一定（すなわち，$dW_\parallel + dW_\perp = 0$）であり，また $F_\parallel = dW_\parallel/dz$ と書けるので，結局

$$F_\parallel = -\frac{dW_\perp}{dz} \tag{1.10}$$

となる．式 (1.7) の μ の定義から

$$\frac{d\mu}{dz} = \frac{dW_\perp/dz - \mu(dB_z/dz)}{B} \tag{1.11}$$

となり，式 (1.9)，(1.10) の両式から恒等的に $d\mu/dz = 0$ となる．

したがって，荷電粒子が空間的に磁界の強い方に進んでいくと，磁力線方向には徐々に減速され，ある磁界の所で反射されて戻ってくることがわかる．なぜなら，図 1.9 の磁界配位において中央の $z=0$ ($B=B_0$) より出発した荷電粒子は，$W[=mv_\parallel^2/2 + \mu B(z)]$ と式 (1.7) の μ を一定としたまま右側の z 方向に進んでいく際に，その磁力線方向の速度が

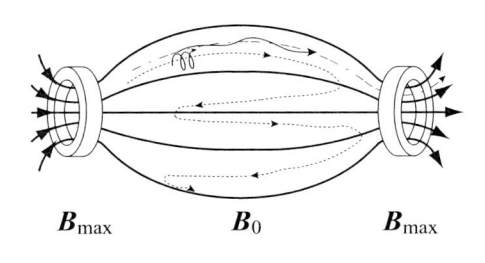

図 1.9　単純磁気ミラー閉じ込め配位

$$v_\parallel(z) = \left\{\left(\frac{2}{m}\right)[W - \mu B(z)]\right\}^{1/2} \tag{1.12}$$

となるからである．すなわち，$B(z) = B' = W/\mu = W_0/\mu_0$ なる $z=z'$ で $v_\parallel' = 0$ となり，荷電粒子はそこで止まって反射され，左側の中央に向かって引き返してくる．したがって，図 1.9 のように両端の磁界を強くしておくと，荷電粒子はその間を往復するのでプラズマは閉じ込められることになる．鏡で光が反射されることの連想からこのような現象を磁気鏡効果と呼び，その応用として**磁気鏡（ミラー）配位**の核融合プラズマ閉じ込め方式が研究されてきた．

1.3.3　磁力線を横切るドリフト

a.　空間的に一様な静磁界中

式 (1.5) で示したように，速い粒子は大きなラーマー半径円を描くことに注意して，空間的に一様な電界と磁界が直交する場合の荷電粒子の動きを調べてみる．磁力線に垂直な面内で回転している正イオンは，電界の方向に動くとき（図 1.10, 回転円の右側で）は加速されて速度が大きくなり，上側で回転半径は大きくなる．電界と逆方向に動くとき（回転円の左側で）は逆に減速されるので，下側で回転半径は小さくなる．回転運動において，速度の変化は力の変化より 90° 位相が遅れることに注意しよう．この上下の回転半径の差で正イオンは，図 1.10 に示すよ

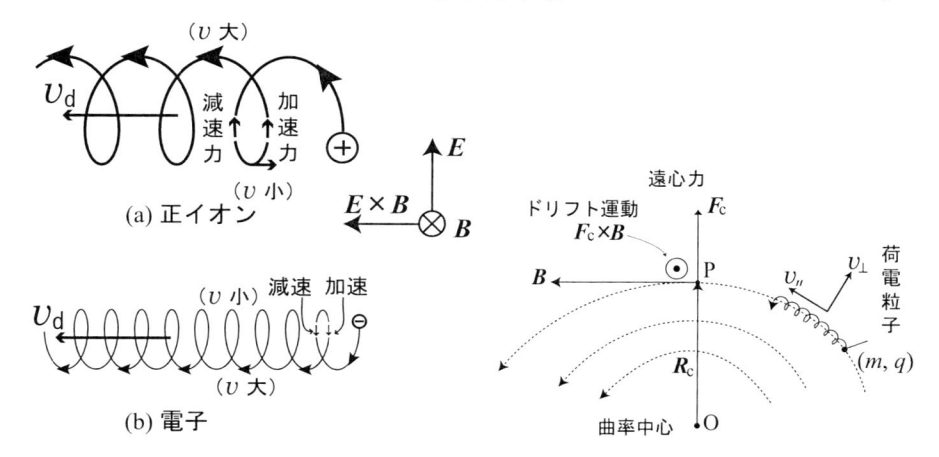

図 1.10　一様直交電磁界に作られるドリフト

図 1.11　磁力線の湾曲と遠心力によるドリフト運動（紙面から読者の方を向いている）

うに左方向に（ベクトル積 $E \times B$ の方向）へドリフトしていく．電子の場合は回転の向きが逆になるが，電界による加速も逆方向になるので，結局ドリフトの方向は正イオンの場合と同じになる．

この $E \times B$ ドリフトの速度 v_d は，式 (1.3) において案内中心の運動と考え時間的に一定と仮定して得られる

$$E + v_d \times B = 0 \tag{1.13}$$

の両辺と B のベクトル積を作れば，次式のように求められる．

$$v_d = \frac{E \times B}{B^2} \tag{1.14}$$

$E \times B$ ドリフトの重要な点は粒子の質量，速度そして電荷の正負によらないことである．

次に，一様な一般力が外から働いた場合を考える．式 (1.14) における静電力 $F = qE$ を $E = F/q$ で置き換えると

$$v_d = \frac{F \times B}{qB^2} \tag{1.15}$$

と書ける．これより，重力（$F = mg$）とか遠心力のように力 F が電荷 q と無関係な場合のドリフト運動においては，v_d の方向は q の正負によって逆向きになることがわかる．

b. 不均一静磁界中

真空の静磁界中で磁力線のある部分 P が，図 1.11 のように半径 R_c で湾曲しているとする．P 点での磁界ベクトル $\boldsymbol{B}$ はその点における接線方向にある．この場合，磁界値の大きさ $|\boldsymbol{B}|$ は湾曲の内側（曲率中心）に向けて増大し，その増加割合（$\nabla_\perp B$ と書く）は，P 点の磁力線の曲率半径 R_c に逆比例する．すなわち，

$$\nabla_\perp B = -\left(\frac{B}{R_c}\right)\left(\frac{\boldsymbol{R}_c}{R_c}\right) = -\left(\frac{B}{R_c{}^2}\right)\boldsymbol{R}_c \tag{1.16}$$

と表せる．磁力線が局部的に湾曲している場合，それにより **2 種類のドリフト運動**が起こる．

第一は，その湾曲のため，螺旋しながら磁力線に沿って運動しようとする荷電粒子に遠心力が働くことによる（**湾曲ドリフト**または**曲率ドリフト**という）．ここで，粒子に働く遠心力 $\boldsymbol{F}_c$ は，曲率半径ベクトル $\boldsymbol{R}_c$ を用いて

$$\boldsymbol{F}_c = \left(\frac{m\boldsymbol{v}_\|{}^2}{R_c}\right)\left(\frac{\boldsymbol{R}_c}{R_c}\right) = m\left(\frac{\boldsymbol{v}_\|{}^2}{R_c{}^2}\right)\boldsymbol{R}_c \tag{1.17}$$

と書ける．これを式 (1.15) に $\boldsymbol{F} = \boldsymbol{F}_c$ として代入すれば，ドリフト速度は次式で与えられる．

$$\boldsymbol{v}_{dc} = \left(\frac{m}{q}\right)\left(\frac{\boldsymbol{v}_\|{}^2}{R_c{}^2 B^2}\right)(\boldsymbol{R}_c \times \boldsymbol{B}). \tag{1.18}$$

第二は，磁界ベクトルに垂直方向に磁界値の大きさそのものが必ず変化することによる．図 1.12 のように下へいくにつれ磁界強度が大きくなるとすると，磁界の強い所ではラーマー半径は小さく，弱い場所では大きくなる．その結果，イオンと電子は正反対方向に，磁力線方向と磁界勾配 $\nabla_\perp B$ の方向の両方に垂直な方向にドリフトすることがわかる．

これを簡単に求めるために図 1.13 に従って計算する．もし $B = B_0$ で磁界が空間的に一様ならば，サイクロトロン運動 1 旋回についてのローレンツ力 $q(\boldsymbol{v} \times \boldsymbol{B})$ の平均値はゼロで，荷電粒子はドリフトをしない．不均一磁界中サイクロトロン運動の円周上の代表点 1，2，3，4 におけるローレンツ力をそれぞれ F_1, F_2, F_3, F_4 とすると

$$\boldsymbol{F}_1 = qv_\perp\left[B_0 - \left(\frac{\partial B}{\partial x}\right)r_c\right]\boldsymbol{1}_x, \tag{1.19}$$

$$\boldsymbol{F}_3 = -qv_\perp\left[B_0 + \left(\frac{\partial B}{\partial x}\right)r_c\right]\boldsymbol{1}_x, \tag{1.20}$$

1.3 粒子的挙動

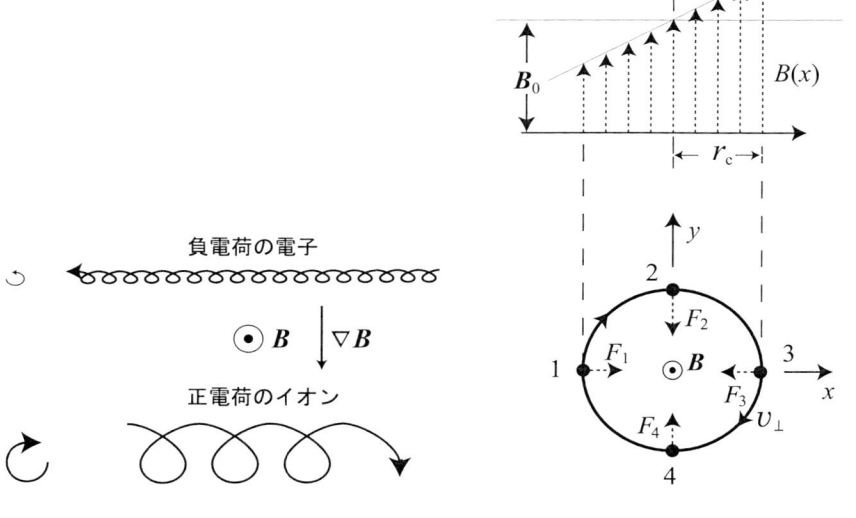

図 1.12 磁界値の勾配によるドリフト運動（B が紙面から読者の方を向いている）

図 1.13 1 旋回中に正イオンに働く力

$$F_2 + F_4 = 0 \tag{1.21}$$

が成立する．ただし，$(\partial B/\partial x)$ は案内中心での勾配であり，$\mathbf{1}_x$ は x 方向の単位ベクトルである．したがって，$F_{\nabla B} = (\mathbf{F}_1 + \mathbf{F}_2 + \mathbf{F}_3 + \mathbf{F}_4)/4$ は

$$\mathbf{F}_{\nabla B} = -\left(\frac{qv_\perp r_c}{2}\right)\left(\frac{\partial B}{\partial x}\right)\mathbf{1}_x = -\mu\left(\frac{\partial B}{\partial x}\right)\mathbf{1}_x = -\mu\nabla_\perp B \tag{1.22}$$

となる．ここで，μ は式 (1.7) で与えられる磁気モーメントである．式 (1.22) では代表点についての平均値を求めたが，円周に沿っての平均値もこれと一致する．$\mathbf{F}_{\nabla B}$ は磁界と垂直方向に働き，これによるドリフト速度 $\mathbf{v}_{d\nabla B}$ は式 (1.15) により

$$\mathbf{v}_{d\nabla B} = \frac{\mathbf{F}_{\nabla B} \times \mathbf{B}}{(qB^2)} = \left(\frac{mv_\perp^2}{2qB^3}\right)\mathbf{B} \times \nabla_\perp B \tag{1.23}$$

と書かれ，∇B ドリフト（grad-B drift）または**磁界勾配ドリフト**と呼ばれる．

結局，磁力線に曲がりがある場合のドリフト速度は，上記 a. と b. の重ね合わせとなり，式 (1.18) と 式 (1.23) の両方から式 (1.16) の関係を用いて

$$\mathbf{v}_d = \left(\frac{m}{q}\right)\left[\frac{(\mathbf{R}_c \times \mathbf{B})}{B^2 R_C^2}\right]\left[\mathbf{v}_\parallel^2 + \left(\frac{\mathbf{v}_\perp^2}{2}\right)\right] \tag{1.24}$$

と表せる．この結果から，ドリフト速度は磁力線に平行な速度 $v_∥$ と垂直な旋回運動速度 $v_⊥$ とがほぼ同程度に関与すること，曲率半径 R_c の小さいところで増大すること，また速度が同程度ならイオンの方が電子より何桁も大きいこと，電荷 q の符号，したがって正イオンと電子とではドリフトの向きが逆であること，などの特徴があることがわかる．

なお，図 1.9 の磁気ミラー中の粒子軌道において，反射されながら円周方向にドリフトしている様子が描かれていた．これは式 (1.24) で表される曲がり磁界中のドリフトによるものである．

c． ドリフトの効果

このようなドリフト運動は，次のような意味で重要である．すなわち，プラズマに外部磁界が加わっている場合，プラズマ荷電粒子は相互に衝突しない限り，1本の磁力線に沿ってしか運動できない．しかし，その B に垂直に静電界 E が重なったり，あるいは磁界が不均一であったりすると，粒子間衝突がなくとも粒子は磁力線を横切って運動することとなる．これは，以下に述べる「磁気閉じ込め核融合方式」に関連して極めて重要で，磁力線で閉じ込められたプラズマ粒子がそれを「食い破って」外に逃げ出す一つの物理機構となる．

もし直線状磁力線の始点と終点をつなぐことによって「端」無しとすることができれば，荷電粒子は磁力線に沿って自由に動いてもいつまでもその領域から逃げていかない．このように考えて，ドーナツ型の面上に磁力線を織り込めた構造を作るのがトーラス配位の閉じ込め方法である．ただし，直線状磁力線を単純に始点と終点をつないだだけでは，トーラス断面の小半径方向の磁界の勾配により式（1.23）に従って，電子とイオンは互いに図 1.14 のように逆方向に移動する．その結果電荷の分極により電界が発生し，そのために式 (1.14) の $E×B$ ドリフトでプラズマは外へ移動し，プラズマを閉じ込めることができない．このトロイダル・ドリフトすなわちこの荷電分離を打ち消すために，トーラスの上部と下部を磁力線でつなぎ荷電粒子を磁力線に沿って自由に移動させ，分離した電荷を短絡させることが考えられた．その方法の一つに，プラズマ中にトーラス方向の電流を流しプラズマの小軸周りの方向に磁界を発生し，これとちょうど指輪列のように配置されたトロイダル・コイルによって作られるトーラス方向の磁界の合成によって磁力線を織り込むトカマクと呼ばれる方式がある．この方式はトーラス型の閉じ込め研究の中で現在最も進歩していて，概略の図 1.15 中の一番内部の

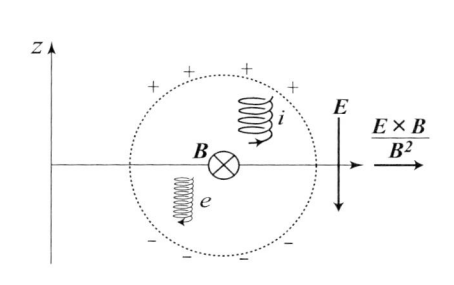

図 1.14　トロイダル・ドリフト 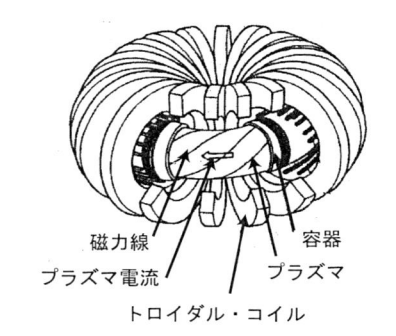　　　　　図 1.15　トカマク型閉じ込め配位

ドーナツがプラズマである．

また，プラズマ電流によってではなく，外部磁界コイルのみで磁力線を織り込むこともできる．このためには，トーラスに沿ってゆっくりとした螺旋状に巻かれた外部コイル（ヘリカル巻線）に電流を流せばよいことがわかっている．この方式はヘリカル系と呼ばれている．

1.3.4　クーロン衝突

プラズマ中では，電子（e），正イオン（i），さらに弱（低）電離プラズマでは中性原子・分子（n）も加わって，同じ種類および異種粒子間で頻繁に衝突を繰り返す．たとえば電子とイオンの衝突を e–i 衝突と書くと，衝突の組合せは① e–i，② e–e，③ i–i，④ e–n，⑤ i–n，⑥ n–n の 6 通りになる．

衝突の頻度を表す基本的な目安の 1 つに断面積の考え方がある．図 1.16 に示すように，粒子を堅い球とみなし，半径 r_1 と r_2 の二つの粒子 1 と 2 が衝突（接触）した瞬間を考える．粒子 2 が原点に静止しているとし，これをめがけて z 軸に平行に粒子 1 を走らせて衝突・命中させる．原点を中心として半径 $(r_1 + r_2)$ の円を xy 面上に描き，粒子 1 の中心点を xy 面上に投影したとき，それが上記の円内に

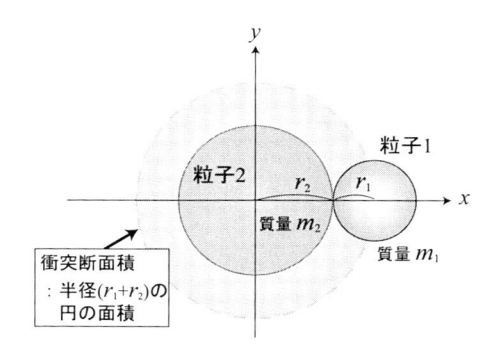

図 1.16　粒子 1 と粒子 2 が衝突した瞬間の様子

入っていれば粒子1は粒子2と必ず衝突する．

この円の面積は，

$$\sigma = \pi(r_1 + r_2)^2 \tag{1.25}$$

と書け，σ が大きいほど衝突が起こりやすい．そこで σ を衝突確率を表す量と考え，これを**衝突断面積**と呼ぶ．中性粒子である原子・分子の半径は $r \simeq 10^{-10}$ m 程度であり，断面積は $\sigma \simeq 10^{-20}$ m^2 程度になる．

ここで，イオンと中性粒子の半径がほぼ同じで r とすれば，i–n 衝突と n–n 衝突の断面積は $\sigma = 4\pi r^2$ となる．一方，電子の半径は極めて小さいので無視すると，e–n 衝突の断面積は $\sigma = \pi r^2$ となる．これより，i–n 衝突や n–n 衝突の断面積は e–n 衝突のそれよりも4倍大きいということができる．

これまで述べた剛体球モデルによれば，断面積 σ は衝突エネルギーによらず一定となる．実際には電子も分子も固い球ではないので，衝突時には力学的な力ではなく電気的な力が作用する．すなわち，電子やイオンが近づくと中性粒子は分極を起こして電気双極子を形成する．この双極子が作る電界と，電子やイオンが作用して，軌道が変わる．この分極効果は衝突粒子の相対速度に依存するので，一般には衝突断面積は一定ではなくエネルギーの関数となる．

プラズマの基本物性，特に輸送定数（粒子拡散定数，熱伝導度，導電率，粘性など）は，上記①〜⑥の相互衝突現象によって支配される．このうち後半の④，⑤，⑥は少なくとも一方の衝突相手が中性粒子であるため，二つの粒子が接触する瞬間だけ力が働く．特に⑥の通常の中性粒子間の衝突では，剛体球同士の衝突で模擬でき通常の力学での**2体衝突モデル**（図 1.17(a)）が適用でき厳密に解析できる．

一方，最初の①，②，③は高電離プラズマ中で支配的な荷電粒子間の衝突であり，クーロン衝突と呼ばれ，簡単な2体衝突モデルでは厳密には扱えない．それは，粒子間に働く力が静電力（クーロン力）であり，中性原子に比べて非常に遠い距離まで力が及ぶため，結果的には多数個の粒子が同時に力を及ぼし合うからである．これを**多体衝突**と呼び，荷電粒子相互がかなり離れていても，多くの粒子から絶えず力を受けて，頻繁にわずかながらその運動方向を変える（図 1.17(b)）．この多体相互作用の影響を的確に取り入れることはかなり難しい問題で，プラズマに限らず，広い領域で統計力学上の中心的課題の一つとなっている．一方において，クーロン衝突の基本的特徴を摘出するのに有効な方法として，ラザフォー

ド（Rutherford）散乱の一つの例として取り扱うことができる2体衝突モデルがしばしば用いられる．

たとえばプラズマ中の1個の電子（テスト電子）に注目すると，テスト電子はイオンの群が作るクーロン力で少しずつ軌道を曲げられながら運動していく（微小角散乱を繰り返す）ので，速度ベクトルが90°曲げられたとき（大角散乱）をもって「衝突」が起こったと定義する．こうして等価的に，電子と1価の正イオン（$T_i < T_e$）の間で1秒間に衝突する平均回数である衝突周波数 ν_{ei} は，イオン密度 n_i [m^{-3}]，電子温度 T_e [eV] のとき

$$\nu_{ei} = 2.9 \times 10^{-12} \frac{n_i \ln \Lambda}{T_e^{3/2}} \text{ [Hz]} \tag{1.26}$$

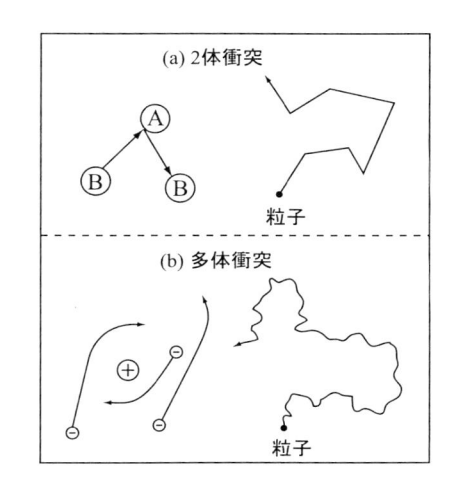

図 1.17 クーロン衝突の特殊性

で与えられる．ここで，Λ は後述するプラズマの集団運動に起因するデバイ遮蔽の効果であり，$\ln \Lambda$ はクーロン対数と呼ばれる量で，n_i や T_e によってあまり大きく変化しない（T_e = 1 eV, $n_i = 10^{16}$m^{-3} のとき $\ln \lambda = 11.7$ である）．衝突周波数は電子温度の 1.5 乗に逆比例して小さくなる．これはクーロン力の特徴であり，衝突する粒子間の相対速度（今の場合はイオンよりもほとんど電子によって決まる）が大きくなると衝突断面積が小さくなることを反映している．なお，以上のように衝突はランダムに起こるので，衝突から次の衝突まで走る距離（自由行程という）は短かったり長かったりする．これを統計平均して距離 λ 進むごとに衝突を起こすと考えて，λ を平均自由行程と呼ぶ．また，続く衝突の間，すなわち1回衝突するまでに要する時間を衝突時間と定義し，これは式 (1.26) の逆数を用いて $\tau_{ei} = \nu_{ei}^{-1}$ で与えられる．

1.3.5 荷電粒子の拡散

空間的不均一さや外場があるとプラズマや気体分子に流れが発生する．粒子密度，たとえばイオン密度が空間的に異なり不均一な場合，イオンは他の粒子と衝

突しながらより低密度の方に広がろうとする．これが拡散であり，イオンの流れはイオン密度勾配に比例する．すなわち，毎秒単位面積を横切って拡散によって運ばれるイオンの数 Γ [個$/(\mathrm{m}^2 \cdot \mathrm{s})$] はイオン粒子束と呼ばれ，

$$\Gamma = -D\frac{\partial n}{\partial x} \tag{1.27}$$

と書かれる．D は比例係数であるが，拡散係数と呼ばれている．負符号は拡散による粒子の流れが密度の高い方から低い方へ向かうことを意味している．

粒子束の計算例として，式 (1.2) のマクスウェル速度分布関数から成る粒子群を扱ってみよう．この熱運動をしている粒子については図 1.18 の実空間に描かれているように，x 軸に垂直な，単位面積の断面を，方向を問わず x の正方向に横切る，単位時間あたりの粒子の数 Γ_x は乱雑粒子束と呼ばれる重要な量である．

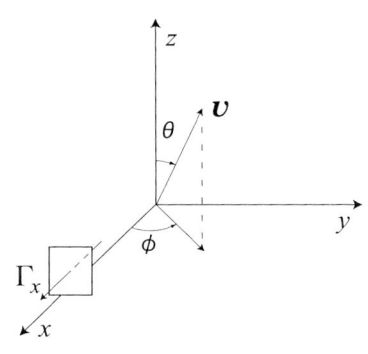

図 1.18　乱雑粒子束と速度ベクトル

$$\begin{aligned}
\Gamma_x &= \int_0^\infty v_x dn(v_x) = \int_0^\infty v_x f(v_x) dv_x \\
&= n\left(\frac{m}{2\pi\kappa T}\right)^{1/2} \int_0^\infty v_x \exp\left(-\frac{mv_x^2}{2\kappa T}\right) dv_x \\
&= n\left(\frac{\kappa T}{2\pi m}\right)^{1/2} = \frac{1}{4}n\langle v\rangle. \tag{1.28}
\end{aligned}$$

$\langle v \rangle (= (8\kappa T/\pi m)^{1/2})$ は速さの平均であり，係数の 1/4 の由来は次のように考えられる．x の正方向と負方向に走る粒子の割合は半々であるので，ここからまず 1/2 が現れる．正方向を向いていても，考えている断面に平行方向の速度成分はこの粒子束に寄与しないので，ここから残りの 1/2 が現れると考えられる．

さて，気体分子やプラズマ中の電子やイオンの動きを微視的に見ると，粒子は衝突によって考えている（仮想）断面を x 方向に横切る．この場合，拡散係数 D は詳しい考察によると

$$D = \frac{(\Delta x)^2}{2\tau} \tag{1.29}$$

で与えられ，拡散の原因である乱雑な運動の特徴的なステップである Δx は平均自由行程 λ で，τ は衝突時間 (ν^{-1}) で置き換えることができる．

式 (1.27) は 1 次元の拡散過程を表す．3 次元の問題の場合は ∇n を用いて，

$$\Gamma = -D\nabla n \tag{1.30}$$

とベクトルを用いて表現される．粒子密度が空間のみならず時間的にも変化する場合には，粒子の保存式

$$\frac{\partial n}{\partial t} + \nabla \cdot \Gamma = 0 \tag{1.31}$$

を用いて解析すればよい．これは連続の式とも呼ばれる．第 1 項はある点での粒子密度の時間変化を表し，第 2 項はその領域に出入りする粒子の流れによる密度の増減に相当する．

一方，磁界が存在するプラズマ中では電子やイオンは磁力線に巻きついて運動しているので，磁力線を簡単に横切ることはできない．この性質は高温のプラズマを保持し，閉じ込めるのに使われる．し

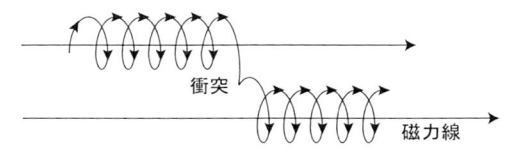

図 1.19 磁界中荷電粒子の衝突による軌道変化

かし，旋回している荷電粒子が他の粒子と衝突すると，運動の速度が変化し，旋回の中心となっていた磁力線を図 1.19 のようにほぼ旋回半径分だけ乗り移る．これが，クーロン衝突によって磁力線を横切って発生する拡散の基本原理であり，式 (1.29) においてステップ長 Δx として旋回半径を持ってくると，磁界に垂直方向の拡散係数が得られる．

1.3.6　プラズマの電気抵抗

磁界が存在しないプラズマにあるいは磁界に平行方向に直流電界を加えると，電子は電界の方向と逆向きに，イオンは同じ方向に加速され，プラズマ中に電流が流れる．イオンよりもはるかに質量の小さい電子群が身軽なのでこのプラズマ電流を主として担う．しかし，他の種類の粒子であるイオンや中性粒子との衝突によって，電界の加速すなわち電流に制動がかかる．電子同士も互いに衝突するが，電子群全体としては運動量に変化がないので，電子—電子衝突はあまり重要ではない．定常状態では電界による加速と衝突による減速とが釣り合い，結局電界の大きさに比例した移動度をもつことになる．

ここでは簡単のために中性粒子がない完全電離プラズマを対象として，電子群が全体としてイオンに相対的に U なる平均速度で移動するものとする．衝突時間

$\tau_{ei} = \nu_{ei}^{-1}$ を用いると，電子群に対する運動方程式は

$$\frac{d\boldsymbol{U}}{dt} = -\frac{e\boldsymbol{E}}{m_e} - \frac{\boldsymbol{U}}{\tau_{ei}} \tag{1.32}$$

と書ける．定常状態では

$$\boldsymbol{U} = -\left(\frac{e\tau_{ei}}{m_e}\right)\boldsymbol{E} \tag{1.33}$$

なる移動度が得られる．したがって，電流密度 $\boldsymbol{j}$ は電子密度を n_e として

$$\boldsymbol{j} = -n_e e\boldsymbol{U} = \left(\frac{n_e e^2 \tau_{ei}}{m_e}\right)\boldsymbol{E} = \frac{\boldsymbol{E}}{\eta} \tag{1.34}$$

で表される．結局，プラズマ中の電気抵抗 η は

$$\eta = \frac{m_e}{n_e e^2 \tau_{ei}} = \frac{m_e \nu_{ei}}{n_e e^2} \tag{1.35}$$

となる．電子温度が 1 keV，電子密度が $10^{20}\,\mathrm{m}^{-3}$ の水素プラズマの場合には，$\eta = 2.5 \times 10^{-8}\,\Omega\cdot\mathrm{m}$ となるが，この値はほぼ常温における銅の抵抗率に近い数値である．このように高温プラズマの導電率は極めて高い．

また，イオン密度（これは電子密度でもあるが）とともに衝突は増加するが，電流の担体の数も増加するので両者打ち消し合い，抵抗率はプラズマ密度に強く依存しない．一方，電子温度の上昇とともに電子-イオン衝突はまれになるので，電子温度の 1.5 乗に逆比例して抵抗率は温度ともに減少する．プラズマ中に大電流を流すと電気抵抗に起因したジュール（またはオーム）加熱が起こり，核融合プラズマなどに必要な高温プラズマを比較的簡単に得ることができる．

しかし，同じプラズマ電流密度 $\boldsymbol{j}$ を流しても，電界からおもに電子へプラズマ単位体積あたり伝達されるパワー（$\eta\boldsymbol{j}^2$）は，電子温度の上昇とともに減少し，しかも ν_{ei} の低下のため，電子からイオンへのエネルギー伝達も同時に低下するので，このジュール加熱による電子温度，イオン温度上昇には原理的に限界がある．したがって，核融合プラズマをはじめとして，より高温のプラズマを得るには，1.3.1 項で述べた ECRH などの，さらに他の加熱法を組み合わせる必要がある．これをプラズマ追加熱，または第 2 段加熱と呼んでおり，様々な研究が精力的に行われている．

1.4 集団的挙動

　非常に多くの荷電粒子が，相互作用のもとに組織的に行う集団運動に起因して現れるプラズマの性質は，他の物質では見られないプラズマの振る舞いを特徴づける．以下に典型的ないくつかの例について要約するが，その前にこれらの記述にしばしば現れるボルツマン (Boltzman) の関係式について簡単に説明する．

　ポテンシャル場の一つである重力場の中で気体分子が一定温度を持ち，熱的に平衡状態にあるとする．質量 m の気体分子は重力（加速度 $\boldsymbol{g}$）を受けて下方に凝縮しようとするが，一方熱運動により空間的に均一化しようとする．したがって，重力と熱運動の二つの効果により気体分子の密度 n は高さ (z) 方向に変化する．気体の圧力を $p(z)$ とすると，$z+dz$ における圧力は $p(z+dz)$ であるのでこの差が上方に向く力であり，下向きの重力 $nmg\,dz$ と釣り合い平衡の式は次のようになる．

$$p(z) - p(z+dz) - nmg\,dz = 0. \tag{1.36}$$

ここで，$p(z+dz) = p(z) + (\partial p/\partial z)dz$ なる関係を代入すると次式が得られる．

$$\left(\frac{\partial p}{\partial z}\right)dz + nmg\,dz = 0. \tag{1.37}$$

一方，$p = n\kappa T$ であり，今気体温度が高さによって変化しないと仮定しているので，上式は次のように変形される．

$$\frac{dn}{n} = -\left(\frac{mg}{\kappa T}\right)dz. \tag{1.38}$$

これを解いて，

$$n = n_0 \exp\left\{-\left(\frac{mg}{\kappa T}\right)z\right\} \tag{1.39}$$

が得られる．n_0 は $z=0$ 点での気体分子密度であり，気体分子密度は高度とともに指数関数的に減少し希薄となる．式 (1.39) はポテンシャル場の中で熱運動している粒子の分布を与える式で，ボルツマンの関係式と呼ばれる．

　重力場においては，mgz は質量 m の粒子の z 点におけるポテンシャルエネルギーである．(1.39) 式を，同じく保存場である静電界の場合に拡張して，mgz の代わりに $e\phi$ なる静電ポテンシャルエネルギーに置き換えると，荷電粒子密度に対して

$$n = n_0 \exp\left(-\frac{q\phi}{\kappa T}\right) \tag{1.40}$$

となる．この場合，荷電粒子の密度はポテンシャル場に応じてボルツマン分布していると言う．

1.4.1 デバイ遮蔽

電荷 q_0 の粒子が，そこから距離 r の地点に作る電位分布 $\phi(r)$ は，真空中では真空の誘電率を ϵ_0 として，$\phi(r) = q_0/4\pi\epsilon_0 r$ である．しかし，プラズマ中に電荷 q_0 を置いた場合は，それと異符号の電荷がその周囲を飛び回っており次第に q_0 に引き寄せられ，結果的に q_0 は全電荷 $-q_0$ の異符号の空間電荷雲によって取り囲まれる．すなわち，電磁気学でいう静電遮蔽（シールド）を受けるが，これをデバイ遮蔽と呼ぶ．ここで，空間電荷層の厚み（デバイ長）を求めてみる．

テスト・イオン（$q_0 > 0$）の生み出す電位 ϕ がイオンを追い払い電子を引きつける様子は，プラズマが温度 T の熱平衡状態にあるとして，統計力学によれば次のようにボルツマン式 (1.40) によって表すことができる．

$$n_i = n_0 \exp\left(-\frac{e\phi}{\kappa T}\right) \simeq n_0 \left(1 - \frac{e\phi}{\kappa T}\right), \tag{1.41}$$

$$n_e = n_0 \exp\left(\frac{e\phi}{\kappa T}\right) \simeq n_0 \left(1 + \frac{e\phi}{\kappa T}\right). \tag{1.42}$$

ここで，eV 単位で表した温度より電位変化が小さい，やや離れた領域では，指数関数をテーラー展開できることを考慮している．したがって，電荷密度 ρ は

$$\rho = e(n_i - n_e) \simeq -\frac{2n_0 e^2 \phi}{\kappa T} \tag{1.43}$$

で与えられる．ポアソン方程式は，$\nabla \cdot \boldsymbol{E} = \rho/\varepsilon_0$ と $\boldsymbol{E} = -\nabla\phi$ より $\nabla^2 \phi = -\rho/\varepsilon_0$ となり，これに式 (1.43) を代入すると

$$\nabla^2 \phi = \frac{\phi}{\lambda_D^2} \tag{1.44}$$

が得られ，この解より電位分布は次式のように求められる（球座標を用いる導出過程は電磁気学の教科書を参照すること）．

$$\phi(r) = \left(\frac{q_0}{4\pi\varepsilon_0 r}\right) \exp\left(-\frac{r}{\lambda_D}\right). \tag{1.45}$$

ここで λ_D は，$\lambda_D = (\varepsilon_0 \kappa T/2e^2 n_0)^{1/2}$ でありデバイ長（Debye length）と呼ばれる．電子の運動だけを考え，イオンは無条件で追随できるものとすれば（$T_i = \infty$

に相当）分母の "2" が消えるが，この値をデバイ長として用いる場合がしばしばあるので，ここでは $T = T_e$ としてこれを次式で表記する．

$$\lambda_D = \left(\frac{\varepsilon_0 \kappa T_e}{e^2 n_0}\right)^{1/2}. \tag{1.46}$$

以上より，プラズマ中の一つの電荷 q_0 の周りの電位分布は，通常の真空中のクーロン分布より因子 $\exp(-r/\lambda_D)$ 倍だけ小さくなり，プラズマ中への「電位の浸みだし」は λ_D 程度であることがわかる．すなわち，図 1.20 のように，$(1/r)$ で減少する長距離力であるクーロン力が $r = \lambda_D$ 程度の距離の場所で断ち切られる形となり，それより遠方には及ばない．プラズマの定義のなかで，デバイ長に対応する球の内部は空間電荷で満たされ電気的中性は成り立たないが，その外側はそれが保証されると述べた根拠である．このように，デバイ長はプラズマ中で電気的中性が崩れる寸法の目安を与えるが，この値は一般に非常に小さい（後掲，1.5 節参照のこと）．

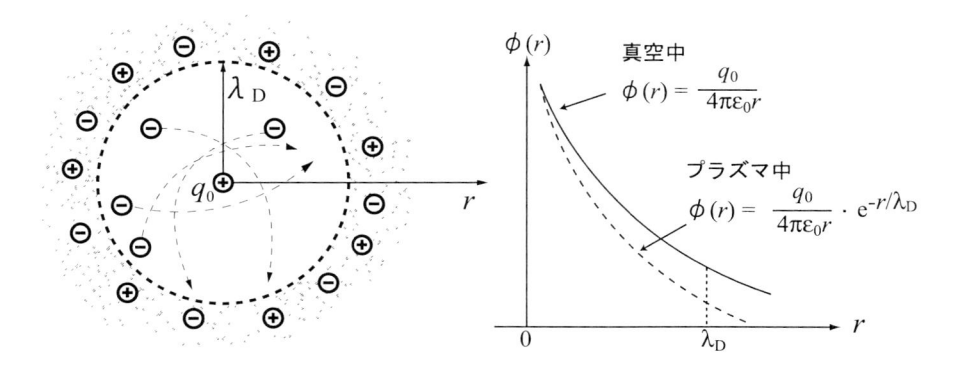

図 1.20 デバイ遮蔽現象（クーロン・電位と遮蔽されたクーロン・電位の比較，$q_0 > 0$ の場合）

1.4.2 プラズマのシース

宇宙空間プラズマの境界は明確には定められないかもしれないが，実験室プラズマはその生成条件のためにある空間の中に局在するので，必然的にプラズマと固体壁とが接することになる．この場合，固体表面までプラズマが一様に満たされていることは通常ありえない．電子はイオンに比べてはるかに速く飛び回って

いて，磁界がないかあるいは磁界があっても磁力線に沿った方向にはすぐに壁に失われてしまうからである．実際にはプラズマと固体壁との間に人為的に電位差を与えなくとも，図 1.21 のように電子の過度な流入を防ぐように固体壁表面近くに電界が形成されて電子を追い返し，イオンを引き込んでプラズマから壁へ向かう正・負の荷電粒子束は平衡する．電荷の中性が破られ ($n_i > n_e$)，電界の発生するこのような（空間電荷）層領域をシースと呼ぶ．

ここで図 1.22 のように，プラズマが $x = x_w$ にある固体表面と接する 1 次元の問題を考える．上述のように，壁の前面にはイオン密度 n_i が電子密度 n_e より大きいようなシース領域 ($x_s < x < x_w$) が形成される．プラズマ中の電子とイオンは一緒に流れてくるので，シース前面 ($x < x_s$) にイオンを加速する弱い電位降下領域が存在する．この領域をプリシースと呼び，電気的中性 ($n_e \simeq n_i$) を満たすプラズマ状態にあり，電界のないプラズマ領域に $x = 0$ でつながっているとする．また，電子温度 T_e は有限であるが，イオン温度は $T_i = 0$ であるとする．プラズマ端 ($x = 0$) において電位 $\phi = 0$，密度 $n_e = n_i = n_0$ とし，シース端 ($x = x_s$) において $\phi = \phi_s$，$n_e = n_i = n_s$ であり，壁の電位を ϕ_w とする．

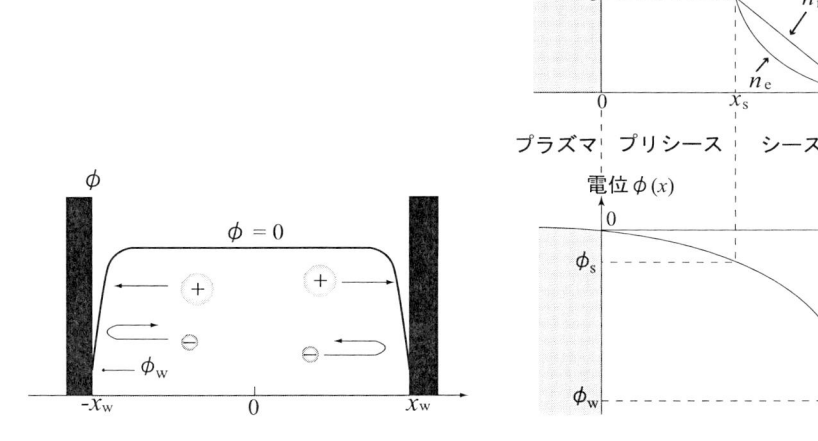

図 1.21　プラズマ電位が固体壁付近にシースを形成し電子を反射する

図 1.22　プラズマ中の浮遊電極近傍の密度・電位分布

イオンはプリシースにかかる電位差 $\phi_s(<0)$ で加速されるので，シース端での速度 u_s は $u_s = (-2e\phi_s/m_i)^{1/2}$ となる．一方，電子は式 (1.40) のボルツマンの関係式に従うので，シース端の密度は

$$u_s = n_0 \exp\left(\frac{e\phi_s}{\kappa T_e}\right) \tag{1.47}$$

となる．シース内のイオン密度 n_i と速度 u_i に対して，粒子束の連続性から $n_i u_i = n_s u_s$ が成り立つ．また，シース内の電位 ϕ を用いて $u_i = (-2e\phi/m_i)^{1/2}$ と書けるから，

$$n_i = \frac{n_s u_s}{u_i} = n_s \left(\frac{\phi_s}{\phi}\right)^{1/2} \tag{1.48}$$

が成り立つ．一方，シース内の電子密度はボルツマンの関係から，

$$n_e = n_s \exp\left\{\frac{e(\phi - \phi_s)}{\kappa T_e}\right\} \tag{1.49}$$

となる．したがって，シース内での正の空間電荷を発生するためには

$$n_i - n_e = n_s \left[\left(\frac{\phi_s}{\phi}\right)^{1/2} - \exp\left\{\frac{e(\phi - \phi_s)}{\kappa T_e}\right\}\right] \geq 0 \tag{1.50}$$

でなければならない．そこで，x_s より少し右側でこの式が成立するための条件を求める．

$\phi = \phi_s - \Delta\phi (\Delta\phi > 0)$ とおき，$\Delta\phi$ が小さいとして展開し，$(\Delta\phi)^2$ 以下の項を無視すると

$$\left(\frac{\phi_s}{\phi}\right)^{1/2} \simeq 1 + \frac{1}{2}\frac{\Delta\phi}{\phi_s}, \qquad \exp\left\{\frac{e(\phi - \phi_s)}{\kappa T_e}\right\} \simeq 1 - \frac{e\Delta\phi}{\kappa T_e}$$

であるから，これらを式 (1.50) に代入すると

$$\frac{1}{2}\frac{\Delta\phi}{\phi_s} + \frac{e(\Delta\phi)}{\kappa T_e} \geq 0 \tag{1.51}$$

となる．ϕ_s は負であるのでその絶対値をとると，$e|\phi_s| \geq \kappa T_e/2$ が正イオンシース形成の条件となる．このことからイオンのシース端での入射速度は

$$u_s \geq \left(\frac{\kappa T_e}{m_i}\right)^{1/2} \tag{1.52}$$

を満足すべきことがわかる．これはシースが安定に形成されるためには，シース端 $(x = x_s)$ において，イオンはプラズマ中の音速 $[= (\kappa T_e/m_i)^{1/2}]$ に等しいか，それより大きい流れの速度 u_s をもたねばならないこと（ボーム条件）を意味している．また，シースの厚さはデバイ長の 10 倍程度であることがわかっている．

なお，シース端の電位 ϕ_s はプラズマ電位より $\kappa T_e/(2e)$ だけ低く，シース端密度はプラズマ領域の 60.5% に下がる．また，プラズマ電位に対して負の値をもつ固体壁の電位 ϕ_w は，多くの電子をはね返しイオン電流と電子電流が等しくなり固体表面に流入する電流がゼロになる条件から求めることができる．この場合，固体表面の電位を「電気的に浮いている」という意味で浮遊電位と呼んでいる．

実際のプラズマ中では図 1.23 のように，シースを横切ってプラズマ側から固体壁に向けて，①電子と各種のイオンのほかに，②基底または励起状態にある中性原子分子，③プラズマ空間内で，電子，光子による励起や解離によって生成され，プラズマプロセスで重要な役割を果たすラジカル（radicals）と呼ばれる化学的に活性な中性原子・分子やそのイオン，さらに④プラズマが発する種々の波長の電磁波，⑤入射粒子のエネルギーや光子による熱入力，⑥核融合プラズマではそれらに加えて高速中性子など，非常に多種類の進入物が存在している．これらがそれぞれに物理的または化学的な基礎過程を伴うので，プラズマと固体壁材料との間の相互作用はプラズマの応用上重要な課題である．

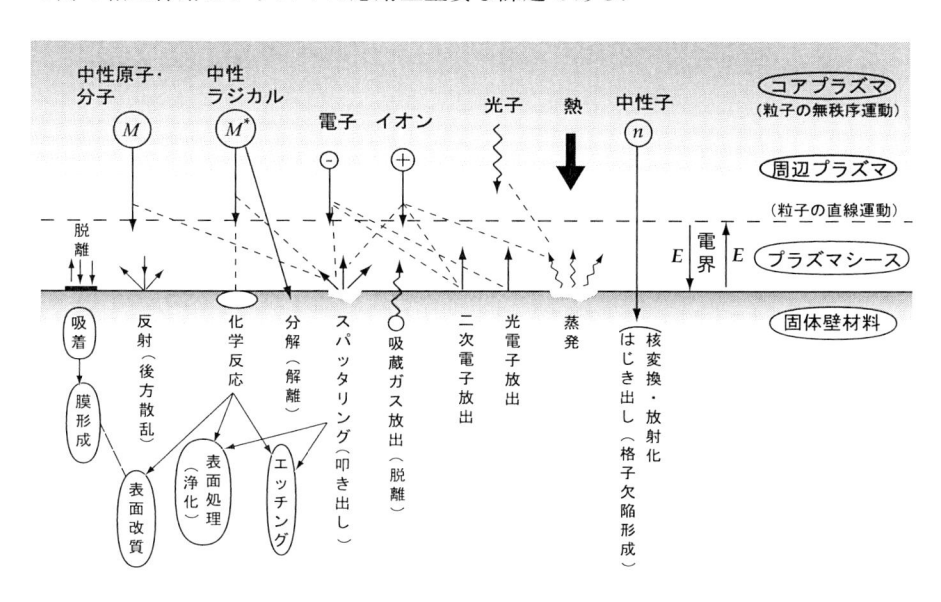

図 1.23 プラズマと固体壁材料間の相互作用の諸過程
（「関口 忠：「プラズマ工学」, p.186, 図 7.1, 電気学会, 1997 年より転載．)

1.4.3 プラズマ振動

プラズマ中に起こるもう一つの典型的な集団現象がプラズマ振動である．この振動のダイナミクスを説明するために，図 1.24 に示すような yz 平面上に一様に分布するイオンで中性化された電子密度 n_e のプラズマ中において，何らかの原因で領域 1 の電子群が x の正（右）方向に領域 1′ へ移動した場合を考える．すなわち図 1.25(a) のように，x 軸に垂直な 2 つの平面 A，B 間の電子群が ξ だけ変位したとする．このときイオンは動かないとすれば，面 A，B にはそれぞれ正と負の電荷が現れ，それによって電界 E が発生する．この E により電子群は引き戻されるが，いかに軽いとはいえ質量をもつので慣性により，出発点を通り過ぎて左方向に変位する．このため，面 A，B には同図 (b) のような電荷が現れ，電子群はふたたび右方向に駆動される．この繰り返しがプラズマ振動であり，バネの単振動と同様に，電界による復元力と電子の慣性によって空間電荷の単振動が発生する．

次に，プラズマ振動を定量的に調べてみる．図 1.25(a) のように電子群が x 方向に ξ だけ変位したとき，面 A，B に現れる表面電荷密度の大きさは $n_e e \xi$ である．この電荷による x 方向の電界 E は，静電気学における平行平板コンデンサの場合と同様にガウスの法則より，

$$E = \frac{n_e e \xi}{\epsilon_0} \quad (1.53)$$

で与えられる．A，B 間の各電子

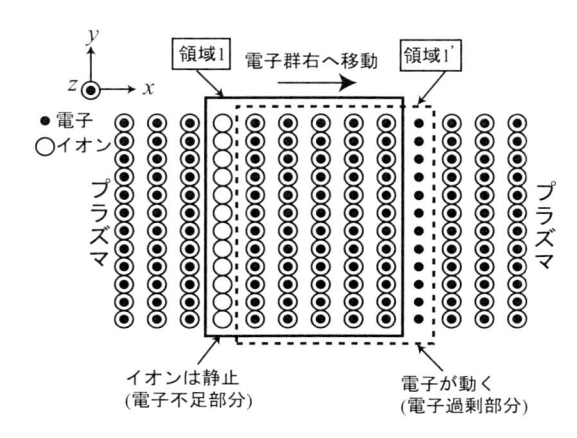

図 1.24 プラズマ振動の概念

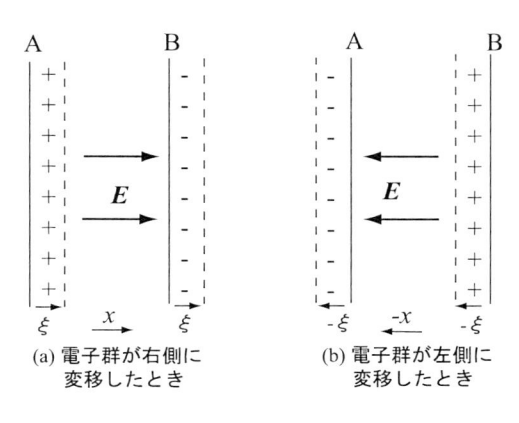

図 1.25 プラズマ振動を定量的に調べるための説明

には $-eE$ の力が働くので，電子の運動方程式は粒子間の衝突を無視すると，

$$m_e \frac{d^2\xi}{dt^2} = -eE = -\left(\frac{n_e e^2}{\epsilon_0}\right)\xi \tag{1.54}$$

と書ける．この式は電子が単振動を行うことを示し，その角周波数 ω_{pe} は

$$\omega_{pe} = \left(\frac{n_e e^2}{\epsilon_0 m_e}\right)^{1/2} \tag{1.55}$$

である．これを電子プラズマ振動数または単にプラズマ振動数と呼び，電子プラズマ周波数は $\boldsymbol{f_{pe} = \omega_{pe}/2\pi}$ [Hz] で与えられ，電子が応答できる最大周波数の目安となる．式 (1.55) の m_e にイオンの質量 m_i を，n_e に $n_i(=n_e)$ を代入して得られる値 $\boldsymbol{f_{pi} = \omega_{pi}/2\pi}$ をイオンプラズマ周波数と呼び，イオンが集団的に応答できる最大の速さを表す．

このようにプラズマ周波数は，外部電界に対するプラズマ中の電子とイオンの応答の速さを示している．たとえば，地上から低い周波数 $f(<f_{pe})$ の電波を電離層プラズマに送ると，その電界に応じてプラズマ中の電子群が移動し，電界を打ち消してしまう．このため，電波は反射されて地上に戻る．一方，電波の周波数が電子プラズマ周波数より十分高いと $f(>f_{pe})$，電子群は電波の電界に応じて移動できない．このため，電波は電離層を透過する．電離層プラズマの電子密度は $10^{12} \mathrm{m}^{-3}$ 程度であるから，人工衛星との通信には 10 MHz 程度以上の周波数を用いる必要がある．

また，プラズマ生成によく用いられる 13.56 MHz の高周波放電においては，たとえば密度が $10^{16} \mathrm{m}^{-3}$ のときは $f_{pi} = 3.3$ MHz であるので，イオンはその周波数でほとんど動かず，平均的な直流電界で動くことになる．

1.4.4　プラズマの存在条件

以上まで述べてきたことを整理する観点において，プラズマの集団運動効果が支配的であるためには，次の三つの条件が必要である（L：プラズマの寸法，ν_n：荷電粒子と中性粒子との衝突周波数）．

$$\lambda_D \ll L, \quad \omega_p \gg \nu_n, \quad n_e \simeq n_i. \tag{1.56}$$

デバイ長の概念の中には，暗にデバイ球の内部には多数の粒子が存在することを仮想している．もしそうでないと遮蔽効果はない．この条件を書くと

$$n_D \equiv \left(\frac{4\pi}{3}\right)\lambda_D^3 n \gg 1 \tag{1.57}$$

となる.さらに,平均粒子間距離を $d(\simeq n^{-1/3})$ として式 (1.57) を書き直すと

$$\frac{\kappa T}{(q^2/4\pi\epsilon_0 d)} \gg 1 \tag{1.58}$$

となり,プラズマを構成する荷電粒子の熱エネルギー κT が 2 粒子間のポテンシャルエネルギー $q^2/(4\pi\epsilon_0 d)$ よりずっと大きいことを示す.なぜならば

$$\frac{\kappa T}{(q^2 n^{1/3}/\epsilon_0)} = \lambda_D^2 n^{2/3} \sim n_D^{2/3} \gg 1 \tag{1.59}$$

となるからである.式 (1.57) は,また次のように書くこともできる.

$$n^{-1/3} \ll \lambda_D. \tag{1.60}$$

なお,式 (1.58) の左辺の逆数である

$$\frac{q^2}{4\pi\varepsilon_0 d\kappa T}, \tag{1.61}$$

すなわち熱エネルギーに対する粒子間のクーロン相互作用エネルギーの比は,結合パラメータと呼ばれている.この値が 1 より小さい場合には,プラズマは理想気体として振る舞うが,1 より大きいと強結合プラズマとしての特性が顕著になる.

1.5　主な基本的プラズマ・パラメータの数値

最後に,本章で現れた代表的プラズマパラメータの実用公式 (A:質量数,イオンの荷電数 $Z=1$),および水素プラズマについての数値計算例を以下に列記する.

(1) デバイ長 (λ_D),電子 (f_{pe}) とイオンプラズマ周波数 (f_{pi}),電子-イオン衝突周波数 (ν_{ei})(衝突周波数 ν_{ei} は式 (1.26) を参照のこと).

$$\lambda_D[\mathrm{m}] = 7.43 \times 10^3 \left\{ \frac{T_e(\mathrm{eV})}{n_e(\mathrm{m}^{-3})} \right\}^{1/2} \tag{1.62}$$

$$f_{pe}[\mathrm{Hz}] = 8.98\{n_e(m^{-3})\}^{1/2} \tag{1.63}$$

$$f_{pi}[\mathrm{Hz}] = 0.21 \left\{ \frac{n_i(\mathrm{m}^{-3})}{A} \right\}^{1/2} \tag{1.64}$$

- $n_e = 10^{12} m^{-3}$, $T_e = 0.05$ eV(電離層プラズマ):
  $\lambda_D = 1.7$ mm, $f_{pe} = 9.0$ MHz, $f_{pi} = 210$ kHz, $\nu_{ei} = 4.3$ kHz
- $n_e = 10^{15} m^{-3}$, $T_e = 2$ eV(低気圧放電実験室プラズマ):
  $\lambda_D = 0.3$ mm, $f_{pe} = 284$ MHz, $f_{pi} = 6.6$ MHz, $\nu_{ei} = 13.2$ kHz

- $n_e = 10^{20}$ m^{-3}, $T_e = 10$ keV（核融合プラズマ）：
  $\lambda_D = 74.3$ μm, $f_{pe} = 89.8$ GHz, $f_{pi} = 2.1$ GHz, $\nu_{ei} = 4.9$ kHz

(2) 電子（r_{ce}）とイオン（r_{ci}）ラーマー半径，電子（f_{ce}）とイオン（f_{ci}）サイクロトロン周波数

$$r_{ce}[\text{m}] = 3.37 \times 10^{-6} \frac{\{T_e(\text{eV})\}^{1/2}}{B(\text{T})} \tag{1.65}$$

$$r_{ci}[\text{m}] = 1.45 \times 10^{-4} \frac{A^{1/2}\{T_i(\text{eV})\}^{1/2}}{B(\text{T})} \tag{1.66}$$

$$f_{ce}[\text{Hz}] = 2.80 \times 10^{10} B(\text{T}) \tag{1.67}$$

$$f_{ci}[\text{Hz}] = 1.52 \times 10^7 \frac{B(\text{T})}{A} \tag{1.68}$$

- $T_e = 10$ eV, $T_i = 1$ eV, $B = 0.1$ T（低気圧放電実験室プラズマ）：
  $r_{ce} = 0.1$ mm, $r_{ci} = 1.5$ mm, $f_{ce} = 2.8$ GHz, $f_{ci} = 1.5$ MHz
- $T_e = 10$ keV, $T_i = 10$ keV, $B = 5$ T（核融合プラズマ）：
  $r_{ce} = 67.4$ μm, $r_{ci} = 2.9$ mm, $f_{ce} = 140$ GHz, $f_{ci} = 76.2$ MHz

(3) $\boldsymbol{E} \times \boldsymbol{B}$ ドリフト速度

$$v_d[\text{m/s}] = \frac{E(\text{V/m})}{B(\text{T})} \tag{1.69}$$

- $B = 0.1$ T, $E = 100$ V/m（低気圧放電実験室プラズマ）：
  $v_d = 10^3$ m/s
- $B = 5$ T, $E = 10$ kV/m（核融合プラズマ）：
  $v_d = 2 \times 10^3$ m/s

演 習 問 題

1.1 式 (1.3) において $\boldsymbol{E} = 0$ の場合に，直交座標系で $\boldsymbol{B} = (0, 0, B)$ としてこの微分方程式の定常解 (v_x, v_y) を求めよ．これより軌道 (x, y) を調べ，サイクロトロン周波数およびラーマー半径を算出せよ．

1.2 マイクロ波を用いている電子レンジの周波数は 2.45 GHz である．これをプラズマ中の電子温度を上昇させる目的に使用するために，外部から一様定常磁界 B を印加して電子サイクロトロン共鳴を発生させる場合には，B をいくらにすれば良いか．

1.3 軸 (z) 方向の強度分布が $z < 0$ では $B(z) = B_0$，$z \geq 0$ では $B(z) = B_0(1 + az)$ で表される磁界中 ($a > 0$) を運動する質量 m，電荷 q の荷電粒子軌道について考える．$z = 0$ において，初速度 $2\boldsymbol{v_0}$ で磁力線と $30°$ の角度を成して，z の正方向に進んでいった荷電粒子が反射されて戻ってくる位置 z を求めよ．

演 習 問 題　　　　　　　　　　　　29

1.4　電子温度 ～ イオン温度 = 50 keV，粒子密度 10^{20} m^{-3} の水素プラズマに 5 T の湾曲磁界が加わっており，磁力線の曲率半径は 4 m である．この場合のプラズマ中の電子と水素イオンのドリフト運動の方向と速度を求めよ．このとき，プラズマ電流は誘起されるか？ 誘起されるとすると，その正味の電流密度値を求めよ（ただし，上記温度は等方的（方向性がない）とする）．

1.5　一様にコイルを巻いたドーナツ殻状の真空容器内に，すなわち直線状磁力線の始点と終点を単純につないで作るトーラス配位中にいかなる方法でプラズマを生成しても，そのプラズマは磁界を横切って逃げ出してしまう．この物理機構を説明せよ．

1.6　中性気体中の粒子間衝突現象の基礎は，古典力学における「2 体衝突」でかなりよく近似できる．しかしながら，プラズマ中の粒子間衝突に対しては厳密にはそれが適用できない．その原因について簡単に説明せよ．

1.7　完全電離水素プラズマがあり，その電子密度 n は $n = 10^{20}$ m^{-3} である．電子温度 T_e が 10 eV，100 eV，1 keV および 10 keV の場合についてその電気抵抗 η ($\Omega \cdot$m) を求めよ．ただし，これらの計算に必要な 1 nΛ の値を上記各温度に対しそれぞれ 11.0，14.0，16.4 および 18.6 とせよ．

1.8　プラズマを容器に閉じ込めている状況を考えた場合に，容器中央領域からその固体壁に向かって電位分布を測定すると，どのようになるかを図示するとともに，その物理的機構を説明せよ．さらに，その電位分布の変化を決定する特性長にも言及し，それ自体にも説明を加えよ．

1.9　プラズマと固体のプラズマシースを介しての相互作用は核融合や材料科学の研究において重要であるが，プラズマが固体表面に接触している状況下では，原子・分子・荷電粒子が関わるどのような基礎過程が存在するかについて説明せよ．

1.10　図 1.25 において，電子群の変位 ξ の大きさを見積もってみよ．
(1) まず，この変位に伴って発生する電界による静電エネルギー密度 u を求めよ．
(2) 次に，この静電エネルギーを電子群が担っていると考え，電子 1 個あたりが担う静電エネルギーを求めよ．
(3) 電子群の変位がその熱運動によって発生したとし，またこの熱運動エネルギーが上記の静電エネルギーに変換されたと考えて変位 ξ を求めよ．ただし，電子 1 個あたりの一方向の平均の熱運動エネルギーは $\kappa T_e/2$ である．
(4) このようにして求められた ξ は何を意味するのか．

1.11　周波数 10 GHz の電波を電離層プラズマに向けて送信した場合に，これが反射されて地上に戻ってくるためのプラズマ密度の条件を求めよ．

2 プラズマの基礎方程式

2.1 プラズマ物理学と電磁気学の関係——マクスウェルの方程式

真空中の電磁界を決定する基本方程式は,マクスウェル方程式として以下のようにまとめられる.

$$\nabla \times \boldsymbol{E} = -\frac{\partial \boldsymbol{B}}{\partial t}, \tag{2.1}$$

$$\nabla \times \boldsymbol{B} = \mu_0 \left(\boldsymbol{j} + \epsilon_0 \frac{\partial \boldsymbol{E}}{\partial t} \right), \tag{2.2}$$

$$\nabla \cdot \boldsymbol{E} = \frac{\rho}{\epsilon_0}, \tag{2.3}$$

$$\nabla \cdot \boldsymbol{B} = 0. \tag{2.4}$$

また一般的な媒質中では,以下のように表される.

$$\nabla \times \boldsymbol{E} = -\frac{\partial \boldsymbol{B}}{\partial t}, \tag{2.5}$$

$$\nabla \times \boldsymbol{H} = \boldsymbol{j} + \frac{\partial \boldsymbol{D}}{\partial t}, \tag{2.6}$$

$$\nabla \cdot \boldsymbol{D} = \rho, \tag{2.7}$$

$$\nabla \cdot \boldsymbol{B} = 0, \tag{2.8}$$

$$\boldsymbol{D} = \epsilon \boldsymbol{E}, \tag{2.9}$$

$$\boldsymbol{B} = \mu \boldsymbol{H}. \tag{2.10}$$

式 (2.6) と (2.7) では,$\boldsymbol{j}$ と ρ はそれぞれ「自由な」電流密度と電荷密度を表す.物質が分極したり磁化したりすることによって生じる「束縛された」電荷と電流密度は,電束密度 $\boldsymbol{D}$ と磁界 $\boldsymbol{H}$ を定義する際の誘電率 ϵ と透磁率 μ とで考慮されている.プラズマ中では,プラズマを構成しているイオンや電子はまた,「束縛された」電荷や電流と同等のものである.これらの電荷は極めて複雑な動き方をするので,その影響を ϵ と μ の2つの集中定数の中に押し込めることは現実的ではない.したがってプラズマ物理学においては,プラズマは真空中に多数の荷電粒

子が飛び回っている状態の物質であると考えて，プラズマ内にあるすべての電荷の動きを考えに入れて ρ と j とを求めれば，プラズマ内の電界 E と磁束密度 B とは，式 (2.1)〜(2.4) の真空中でのマクスウェル方程式により定めることができる．すなわち，ρ と j は外部からのものも内部のものもひっくるめてすべての電荷と電流をそれぞれ含むものとし，また電荷は不生不滅であるから，ρ と j は連続の式

$$\frac{\partial \rho}{\partial t} + \nabla \cdot j = 0 \tag{2.11}$$

を満たしているはずであることに注意しておく（式 (2.2) と (2.3) から求められる）．

また，プラズマを記述すべく用いた真空中の方程式において，D と H の代わりに ϵ_0 と μ_0 で関係付けられている E と B を用いたことに注意しなければならない．その理由は qE や $j \times B$ の力は D や H よりも E や B に依存し，式 (2.1)〜(2.4) を扱う限りにおいては前者の量を導入する必要がないからである．このことは E–B 対応による議論においては，E と B を原因とし D と H をそれぞれに対する応答として考えることに通じている．

2.2 分布関数による平均化

すでに述べたように，プラズマは電荷をもった極めて多数の粒子の集まりであり，お互いに力を及ぼし合っている．これらの運動を記述するために，一つ一つの粒子すべてについて時々刻々の解を同時に求めていくことは不可能である．そこで粒子を一個ずつ区別して解くことをやめ，集団として見たときにその粒子群がある速度をもつ確率を考え，図 1.4 のような速度分布関数を導入する．そして，空間に小さいがその中に十分多数の粒子を含む

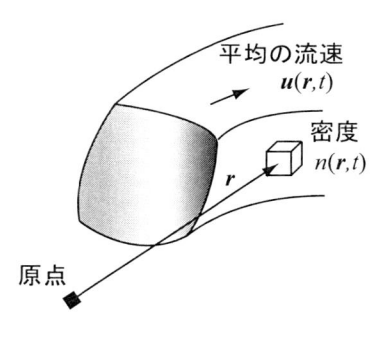

図 2.1 連続媒質とする流体モデル

体積素片を考え，その中に含まれる粒子について分布関数を用いて平均して得られる量，すなわち密度，速度，圧力，温度などをその体積素片の位置と時刻の関数として考察する．こうすれば，図 2.1 のようにプラズマを流体として見なして

問題を解くことができる．このように，プラズマを流体のように連続した媒質と考えた取り扱いを流体モデルといい，一方，平均化せずに速度分布関数をそのまま扱う理論体系を運動論的モデルと呼んでいる．

さて，流体モデルにおける平均的な物理量を求めるためには，一般にプラズマ中には電子，イオン，中性粒子が存在するので，3種類の分布関数を用いてそれぞれについて計算しなければならない．簡単のために x 方向の1次元で考え，位置 x，時間 t において速さ v_x をもつ確率として，分布関数を $f(x,v_x,t)$ と書くことにする．このとき，単位体積あたりの粒子の密度と平均速度（流速）は

$$密度： n(x,t) = \int_{-\infty}^{\infty} f(x,v_x,t)dv_x, \tag{2.12}$$

$$流速： u_x(x,t) = \frac{1}{n(x,t)} \int_{-\infty}^{\infty} v_x f(x,v_x,t)dv_x \tag{2.13}$$

で与えられる．この流速は，ランダムな熱運動速度を平均化した後に残る粒子全体としてのドリフト速度を表している．3次元の場合は位置 x を $\boldsymbol{r}=(x,y,z)$，速さ v_x を $\boldsymbol{v}=(v_x,v_y,v_z)$ とベクトル表示して，分布関数 $f(\boldsymbol{r},\boldsymbol{v},t)$ を v_x,v_y,v_z について積分することによって求められる．たとえば式 (2.13) の流速は

$$\boldsymbol{u}(\boldsymbol{r},t) = \frac{1}{n(\boldsymbol{r},t)} \iiint \boldsymbol{v} f(\boldsymbol{r},\boldsymbol{v},t) dv_x dv_y dv_z \tag{2.14}$$

で与えられる．

このように，流速は時間 t と位置 $\boldsymbol{r}$ の二つの変数で決定され，同じ時刻にいろいろな位置の速度が与えられることになる．このことはまさに，プラズマを流体のような連続した媒質と考えていることを表している．

2.3　プラズマの二流体方程式

前節で定義されたプラズマの平均的物理量に関する方程式は，電気的に中性の流体力学の基礎方程式すなわち流体方程式をプラズマ用に書き直すことによって求められる．正確には速度分布関数 $f(\boldsymbol{r},\boldsymbol{v},t)$ に対するボルツマン方程式

$$\frac{\partial f}{\partial t} + \boldsymbol{v}\cdot\boldsymbol{\nabla} f + \frac{q}{m}(\boldsymbol{E}+\boldsymbol{v}\times\boldsymbol{B})\cdot\frac{\partial f}{\partial \boldsymbol{v}} = \left(\frac{\delta f}{\delta t}\right)_{coll} \tag{2.15}$$

を基にして議論しなければならない．ここで，$\dfrac{\partial}{\partial \boldsymbol{v}} = \left(\dfrac{\partial}{\partial v_x},\dfrac{\partial}{\partial v_y},\dfrac{\partial}{\partial v_z}\right)$ であり，右辺は衝突による f の変化を表す項である．これを速度空間 (v_x,v_y,v_z) 上で積

分して平均的物理量を求めなければならないが，ここではその過程を割愛する．今，完全電離プラズマを対象として，イオンと電子の諸量に添字 "i" と "e" をそれぞれ用いると，連続の式（粒子保存則）は

$$\frac{\partial n_i}{\partial t} + \nabla \cdot (n_i \boldsymbol{u}_i) = 0 \tag{2.16}$$

$$\frac{\partial n_e}{\partial t} + \nabla \cdot (n_e \boldsymbol{u}_e) = 0 \tag{2.17}$$

となる．また，運動方程式（運動量保存則）は

$$n_i m_i \frac{d\boldsymbol{u}_i}{dt} = n_i e(\boldsymbol{E} + \boldsymbol{u}_i \times \boldsymbol{B}) - \nabla p_i - n_i m_i \nu_{ie}(\boldsymbol{u}_i - \boldsymbol{u}_e), \tag{2.18}$$

$$n_e m_e \frac{d\boldsymbol{u}_e}{dt} = -n_e e(\boldsymbol{E} + \boldsymbol{u}_e \times \boldsymbol{B}) - \nabla p_e - n_e m_e \nu_{ei}(\boldsymbol{u}_e - \boldsymbol{u}_i) \tag{2.19}$$

となる．左辺の流速の全微分は，$d\boldsymbol{u}/dt = \partial \boldsymbol{u}/\partial t + (\boldsymbol{u} \cdot \nabla)\boldsymbol{u}$ であり，最初の項は場所に関係なく時間的に流速が変化する寄与を，第2項は時間はともかく流れに沿って位置的に流れの速度が変化することによる寄与を表す．川の流れに乗っかって流れの速度の時間変化を見るのが全微分の意味である．

右辺の第3項は圧力勾配による力を示す．p_i, p_e はイオンと電子の圧力であり，各々次式の状態方程式（断熱変化の式）

$$p_i n_i^{-\gamma_i} = \text{const.} \tag{2.20}$$

$$p_e n_e^{-\gamma_e} = \text{const.} \tag{2.21}$$

に従う．γ_i, γ_e は定圧比熱と定積比熱の比であって，変化の自由度の数 N を用いると $\gamma_{i,e} = (N+2)/N$ で与えられる．等温変化のときは $\gamma = 1$ であり，$p_i = n_i \kappa T_i$, $p_e = n_e \kappa T_e$ で表される．

右辺最後の項は，相手の粒子種と毎秒 ν 回衝突するとき失う運動量を表している．ν_{ei} は電子–イオン間の衝突周波数で式 (1.26) で与えられ，ν_{ie} はイオン–電子間の衝突周波数である．イオンと電子との衝突の際に，イオン全体の受ける力は電子全体の受ける力と互いに作用反作用の関係にあるから，大きさが互いに等しくなければならない．すなわち，$n_i m_i \nu_{ie} = n_e m_e \nu_{ei} (n_i = n_e)$ であるので，$m_i \nu_{ie} = m_e \nu_{ei}$ の関係が成り立つ．

以上をまとめると，輸送方程式（連続の式，運動方程式，状態方程式）はイオンと電子のそれぞれに対して成り立ち，プラズマが電子流体とイオン流体の二つから構成されると考えるので，二流体モデルと呼ばれる（弱電離プラズマでは中性粒子の流体も考えるので三流体となる）．運動方程式 (2.18)，(2.19) は電磁界

E, B を含んでいるので，それらの値は一般にプラズマの電流や空間電荷によって変わる．したがって，(2.16)～(2.21) の 6 つの式と電磁界に関するマクスウェル方程式を組み合わせると，一つの閉じた方程式系が得られ，プラズマ現象の流体的側面を解析することができる．

2.4 電磁流体力学方程式

前節では，プラズマをイオンと電子の別々の連続体として取り扱ったが，プラズマ全体を一つの流体として取り扱うので十分な場合もある．この方程式系は流体に導電性があることを考慮する取り扱いであるので，**電磁流体力学** (magneto-hydrodynamics, **MHD**) 方程式とも呼ばれている．

プラズマ全体（流体）の質量密度 ρ_m，流速 $\boldsymbol{u}$，電流密度 $\boldsymbol{j}$，圧力 p を次式によってそれぞれ定義する．

$$\rho_m = n_i m_i + n_e m_e, \tag{2.22}$$

$$\rho_m \boldsymbol{u} = n_i m_i \boldsymbol{u}_i + n_e m_e \boldsymbol{u}_e, \tag{2.23}$$

$$\boldsymbol{j} = e(n_i \boldsymbol{u}_i - n_e \boldsymbol{u}_e), \tag{2.24}$$

$$p = p_i + p_e. \tag{2.25}$$

式 (2.16) と (2.17) を加え合わせると，次の**連続の式**が得られる．

$$\frac{\partial \rho_m}{\partial t} + \boldsymbol{\nabla} \cdot (\rho_m \boldsymbol{u}) = 0. \tag{2.26}$$

次に，式 (2.18) と (2.19) においては一般に，簡単のため流速の 2 乗の項 $(\boldsymbol{u}\cdot\nabla)\boldsymbol{u}$ を無視する場合がよくある（非線形項とも呼ばれる）．この仮定の妥当性は，∇p と比較した場合に圧力は熱運動速度の 2 乗に比例し，一般に流速に比べて熱運動速度が大きい場合が多いことから理解できる．式 (2.18) と (2.19) を加え合わせ，式 (2.22)～(2.25) を用いると

$$\rho_m \frac{\partial \boldsymbol{u}}{\partial t} = \boldsymbol{j} \times \boldsymbol{B} - \boldsymbol{\nabla} p \tag{2.27}$$

の一流体近似の運動方程式が得られる．

式 (2.18) に m_e を掛けて，式 (2.19) に m_i を掛けた式を引き算した後に，$(\boldsymbol{u}\cdot\nabla)\boldsymbol{u}$，$\nabla p_i$ などの項を無視し $n_i = n_e$，$m_i \gg m_e$ などの条件を用いると次式を得る．

$$\bm{E} + \bm{u} \times \bm{B} = \eta \bm{j}. \tag{2.28}$$

ここで，電気抵抗 η は式 (1.35) で与えられ，上式は $\bm{E} = \eta \bm{j}$ のオームの法則を磁界中のプラズマの運動に拡張した式と見なすことができるので，一般化したオームの法則と呼ばれている．

さらに，プラズマ圧力 p と質量密度 ρ_m の間の関係については，二流体方程式系と同様に次の状態方程式としての断熱変化の式を仮定することが多い．

$$p\rho_m^{-\gamma} = \text{const.} \tag{2.29}$$

以上に，次式に示す電磁界に対するマクスウェル方程式を加えると閉じた方程式系になり（式 (2.26)〜(2.32)），一流体近似の電磁流体力学（**MHD**）が構成される．

$$\nabla \times \bm{E} = -\frac{\partial \bm{B}}{\partial t}, \tag{2.30}$$

$$\nabla \times \bm{B} = \mu_0 \bm{j}, \tag{2.31}$$

$$\nabla \cdot \bm{B} = 0. \tag{2.32}$$

式 (2.31) では変位電流，$\epsilon_0 \partial \bm{E}/\partial t$ を無視しているが，この近似は，変動の伝わる速さが光速より十分小さければ許される．また，ポアソン方程式が含まれていないが，これは電界 $\bm{E}$ が既知であれば，いつでも必要に応じて陽には現れていない電荷密度 ρ を計算できると考えればよい．

演 習 問 題

2.1 プラズマ物理学で用いられるマクスウェルの方程式は通常の電気学で現れる形式とは少し異なっている．どの部分がどのように異なるかについて，真空中と媒質中のマクスウェル方程式を比較して説明せよ．

2.2 ボルツマン方程式において，衝突がないものとして式 (2.15) を全速度にわたって積分して，式 (2.16) と (2.17) の連続の式を求めよ．ただし，(2.15) の左辺第 3 項 $[(\bm{E} + \bm{v} \times \bm{B})$ の項$]$ は，積分の結果，零となることは別途の詳しい計算によってあらかじめわかっているものとしてよい．

2.3 電子–イオン間の衝突に関して，$n_i m_i \nu_{ie} = n_e m_e \nu_{ei}$ が成り立つことを運動方程式 (2.18) と (2.19) を用いることによって示せ．

2.4 2.3 節と 2.4 節にある式を適切に用いて，電荷保存の式 $\partial \rho/\partial t + \nabla \cdot \bm{j} = 0$ を導け．

2.5 式 (2.18) と式 (2.19) において，左辺の時間全微分項および右辺の圧力勾配の項を無視し，$n_i = n_e \equiv n$, $m_i \gg m_e$, $\nu_{ei} \gg \nu_{ie}$ の条件を用いて，一般化したオームの法則 (2.28) を導け．

3 プラズマの静電的性質

3.1 はじめに

　第2章で示したプラズマの流体方程式を用いてのプラズマ現象の説明として,核融合プラズマ中や宇宙空間プラズマ中の揺動・不安定現象,電波伝搬などの理解に不可欠なプラズマ中の波動を取り上げる.本章ではとりわけ,二流体方程式から求められる電子だけが主役となる電子プラズマ波,重いイオンの振動が主役で電子がそれに追随して運動するイオン音波などの**静電波(縦波)**を中心に述べる.縦波は電子やイオンの粗密波で,空気中の音波に似ている.静磁界の存在しない等方的なプラズマ中で,電界の局所的な変動が生じたとき,荷電粒子は電界の方向にゆり動かされ,その方向に電荷分離を生じて新しい電界を作る.このようにして空間に拡がっていく電界は,電界の方向と伝わる方向とが同じになるため(縦波),$\nabla \times \boldsymbol{E} = 0$ となりファラデーの電磁誘導の法則 (2.30) により,磁界の変動を伴わない.同様の現象は,静磁界に平行な電界の変動に対しても現れる.このような電界は,$\boldsymbol{E} = -\nabla \phi$ という形に書け,静電ポテンシャル ϕ だけで表される.静電ポテンシャルだけで表されるプラズマの応答を,**静電的応答**と呼ぶ.

　本論に入る前に,波を表現する基礎的事項について説明する.媒質中を x 方向に伝搬する正弦的な波 ζ (密度や電界など) は,波数を k,角周波数を $\omega(=2\pi f)$,振幅を ζ_m とすると,$\zeta = \zeta_m \sin(kx - \omega t)$ で表現される.図3.1は時刻 $t = t_1$ と $t = t_2 = t_1 + \Delta t$ における ζ と x の関係を示したものである.波長 λ は隣り合う位相の点の間の距離であることから,波数 k との間には $k\lambda = 2\pi$ なる関係が成立する.図3.1に示したように,$t = t_1$ である点 $x = x_1$(g点)

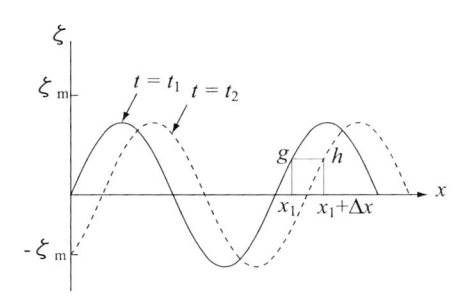

図 3.1　正弦波の伝搬

の位相と Δt 秒後の $x = x_1 + \Delta x$（h 点）の位相が同位相であるとすると，波は $t = t_1$ で実線で示すような空間的な形を保ちながら進み，Δt 秒後に Δx だけ移動して破線で示した正弦波となったと考えられるから，波の進行速度 v_p は $kx_1 - \omega t_1 = k(x_1 + \Delta x) - \omega(t_1 + \Delta t)$ から求まり，

$$v_p = \frac{\Delta x}{\Delta t} = \frac{\omega}{k} \tag{3.1}$$

で与えられる．この速度は，波のある位相の点が進む速度を示していることから**位相速度**と呼ばれている．

上述のようなある一つの決まった k と ω をもつ波は，空間的にも時間的にも，一定波長と一定周波数で無限に続くことによって得られるものである．一方，実在する波は空間的にも時間的にも有限であり，その結果として k と ω には必ずある幅が存在している．しかし，これら実際の波も様々な k と ω をもつ波の合成として考えることができるから，その中の波の成分である，ある k と ω の波について考察することが全体の波の特性を知る上で重要である．

今，k と ω 付近に広がりをもつ波の伝搬速度を調べるために $2\Delta k$，$2\Delta \omega$ だけずれた二つの正弦波

$$\zeta_1 = \zeta_m \sin\{(k + \Delta k)x - (\omega + \Delta \omega)t\},$$
$$\zeta_2 = \zeta_m \sin\{(k - \Delta k)x - (\omega - \Delta \omega)t\} \tag{3.2}$$

からなる合成波 $\zeta (= \zeta_1 + \zeta_2)$ を考えてみると，

$$\zeta = 2\zeta_m \cos(\Delta k x - \Delta \omega t) \sin(kx - \omega t) \tag{3.3}$$

となり，合成波は図 3.2 のように進行波の $\sin(kx - \omega t)$ の振幅が $\cos(\Delta k x - \Delta \omega t)$ で変化するような波形で伝搬することがわかる．この振幅振動が進む速さ $v_g (= \Delta x / \Delta t)$ は $\Delta k \to 0$ では

$$v_g = \frac{\partial \omega}{\partial k} \tag{3.4}$$

で与えられる．この速度は k, ω 近傍に幅をもつ波が進む速度を示していることから**群速度**と呼ばれ，波のエネルギーの伝搬速度を表している．

プラズマ波動の問題は，どのような物理量の時間的変動が空間中をどのように伝搬

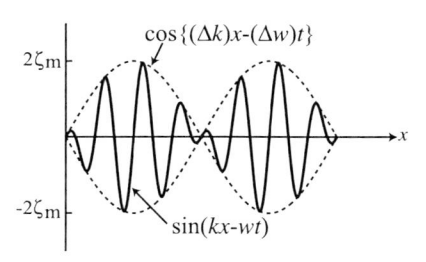

図 3.2　群速度を表す波形

していくかを知ることである．波の振幅が小さくて非線形性が問題にならず，したがって波同士の相互結合が無視できればこの問題を扱う基本方程式は線形となり，その方程式の解には重ね合わせの原理が適用できる．すなわち，波に付随する変動量の時間および空間的な振る舞いは，それら変動量をフーリエ分解して $\exp[i(\boldsymbol{k}\cdot\boldsymbol{r}-\omega t)]$ なる正弦振動因子をもつ無限個の波の合成として表現できる（$\boldsymbol{k}$：波数ベクトル，$\boldsymbol{r}$：位置ベクトル）．したがって，上記の一つの波の成分に対する（ω 対 $\boldsymbol{k}$）の関係が分かれば，それらを総合して波全体の特徴が分かる．この ω–k 間の関係式を分散（関係）式と呼んでいる．

このようなフーリエ分解の方法では，微分・積分演算を簡単に代数演算に変換できて，たとえば，$(\partial/\partial t)\rightarrow -i\omega$, $\nabla\rightarrow i\boldsymbol{k}$ と置き換えればよい．

3.2　電　子　波

電子のみが応答できるような高い周波数の静電波を考えているので，重いイオンは静止していて単に，平均的な電気的中性を保つための背景の役目を果たすだけとする．波の伝搬には電子の運動とそれによる静電界が必要であり，ここでは x 方向の 1 次元の縦波を考える（すべて x 成分だけをとる）．それらは，連続の式 (2.17)，$\boldsymbol{B}=0$ かつ $\nu_{ei}=0$（電子–イオン間の衝突は無い）とした運動方程式 (2.19)，断熱変化の式 (2.21) およびマクスウェルの式の中の $\nabla\cdot\boldsymbol{E}=\rho/\epsilon_0$ で記述される．空間的に一様な密度 n_0，圧力 p_0 のプラズマ中を伝搬する微小振幅の縦波を考えているので，波に関係した量に添字 " 1 " を，波がないときの量に添字 " 0 " を付すと，

$$n_e = n_0 + n_{e1}, \quad n_i = n_0, \quad u_e = u_{e1}, \quad E = E_1, \quad p_e = p_{e0} + p_{e1} \qquad (3.5)$$

と表せる．これらを上記式に代入し，

$$n_{e1}, \quad u_{e1}, \quad E_1, \quad p_{e1} \propto \exp[i(kx-\omega t)] \qquad (3.6)$$

であるとしてこれらの微小量の一次の項まで残すと（線形化），斉次の連立方程式

$$-i\omega n_{e1} + ik n_0 u_{e1} = 0, \qquad (3.7)$$

$$m_e n_0 (-i\omega) u_{e1} + e n_0 E_1 + ik p_{e1} = 0, \qquad (3.8)$$

$$\frac{p_{e1}}{p_{e0}} - \gamma_e \frac{n_{e1}}{n_0} = 0, \qquad (3.9)$$

$$ikE_1 + \frac{e}{\epsilon_0} n_{e1} = 0 \tag{3.10}$$

が得られる．n_{e1}, u_{e1}, E_1, p_{e1} が同時に 0 にならないとして，式 (3.7)～(3.10) が解をもつ条件（4 行 4 列の行列式が零）から次式の分散関係式が求まる．

$$\omega^2 = \omega_{pe}^2 + \left(\gamma_e \frac{\kappa T_e}{m_e}\right) k^2. \tag{3.11}$$

ここで，ω_{pe} は式 (1.55) で与えられる電子プラズマ振動数である．

1 次元の粗密波なので，$\gamma_e = (N+2)/N = 3$ ($N=1$) と電子の熱速度 $v_{te} = (2\kappa T_e/m_e)^{1/2}$ を用いると上式は

$$\omega^2 = \omega_{pe}^2 + \frac{3}{2} k^2 v_{te}^2 \tag{3.12}$$

と表せ，これを図示したのが図 3.3 であり，$\boldsymbol{\omega > \omega_{pe}}$ の周波数領域でのみ伝搬が可能である．電子の熱速度がない場合 ($T_e = 0$) には $\omega = \omega_{pe}$ で単なる振動をし，波として伝搬しない（電子プラズマ振動, 1.4.3 項参照）．熱速度の存在を考慮すると，$k \sim 0$（波長 $\lambda \sim \infty$）付近での単なるプラズマ振動から波としての伝搬が起こるようになり，k の増大（波長の減少）とともに ω は次第に上昇する．言い換えると，位相速度 $v_p = \omega/k$ は次第に減少していき，ついには電子音波とも解釈できる $v_p \sim 1.2\, v_{te}$（熱速度の桁）に近づく．

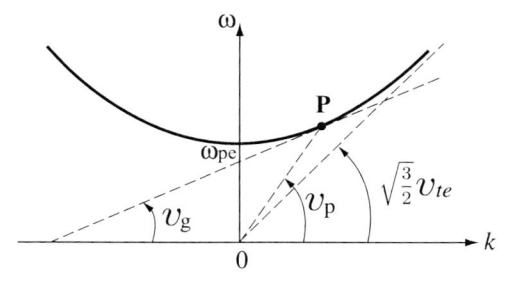

図 3.3 電子プラズマ波の分散関係

3.3 イオン音波

静磁界が存在しないプラズマ中で，イオンも応答できるような低い周波数の波について考える．この場合イオンの運動は，連続の式 (2.16) および運動方程式 (2.18) の一次元式（x 方向とする）で $\boldsymbol{B} = 0$, $\nu_{ie} = 0$ とし，またイオンの熱運動を無視して $p_i = 0$ としたもので記述される．一方，電子の運動は式 (2.19) において，波が低周波で電子の質量が小さいため慣性項を無視できるものとして ($m_e \to 0$)

$$-en_e E - \frac{\partial p_e}{\partial x} = 0 \tag{3.13}$$

で表されるが，この式は電子温度 T_e が空間的に一様だとすると

$$n_e = n_0 \exp\left(\frac{e\phi}{kT_e}\right) \tag{3.14}$$

となり，式 (1.42) で仮定したようなボルツマン分布が得られる．

これらの方程式および静電界に関するマクスウェルの方程式 $\nabla \cdot \boldsymbol{E} = \rho/\epsilon_0$ に $n_i = n_0 + n_{i1}$, $n_e = n_0 + n_{e1}$, $\phi = \phi_1$, $E_1 = -\partial\phi_1/\partial x$, $u_i = u_{i1}$ を代入し，$n_{i1}, n_{e1}, \phi_1, u_{i1} \propto \exp[i(kx - \omega t)]$ の一次の項まで残すと，方程式系

$$-i\omega n_{i1} + ikn_0 u_{i1} = 0, \tag{3.15}$$

$$m_i n_0 (-i\omega) u_{i1} + en_0 (ik)\phi_1 = 0, \tag{3.16}$$

$$n_{e1} - n_0 \frac{e\phi_1}{kT_e} = 0, \tag{3.17}$$

$$k^2 \phi_1 - \frac{e}{\epsilon_0}(n_{i1} - n_{e1}) = 0 \tag{3.18}$$

が得られる．したがって分散関係式は

$$\omega^2 = \frac{C_s^2}{k^2\lambda_D^2 + 1}k^2 \tag{3.19}$$

で表される．ここで，λ_D はデバイ長で式 (1.46) で与えられ，また C_s は，$C_s = (\kappa T_e/m_i)^{1/2}$ で与えられる速さの次元をもつ量で，音速と呼ばれている．この分散関係式を描くと図 3.4 のようになる．波数 k が小さい場合には，波の速さは $\boldsymbol{\omega/k} = \boldsymbol{C_s}$ となり，大気中の音波と分散関係が類似していることから，イオン音波と名付けられている．波数 k が大きな極限すなわち，$k\lambda_D \to \infty$ となると，分散関係は $\omega = \omega_{pi}$ となるから単なるイオンプラズマ振動となる．

電子波は，$T_e = 0$ の場合，単なる電子のプラズマ振動となり伝搬しないが，一方イオン音波は，$T_i = 0$ でも，$T_e \neq 0$ なら伝搬し得ることが示された．これは電子はイオンに引っ張られ，イオンが粒々に集まって生ずる電界を遮蔽しようとするが，熱運動速度を有する電子は $\kappa T_e/e$ (V) 程度のポテンシャルまでは飛び越えることができ，そのためイオンと電子の密度差で生じる電界が完全には遮蔽されずに残り，その電界によってイオンの運動が生じることに起因したものである．

ここでイオン音波の物理機構を考えてみる．電子は極めて軽く，重いイオンのゆっくりした運動には十分に追随できるので，運動方程式は式 (3.13) を線形化した

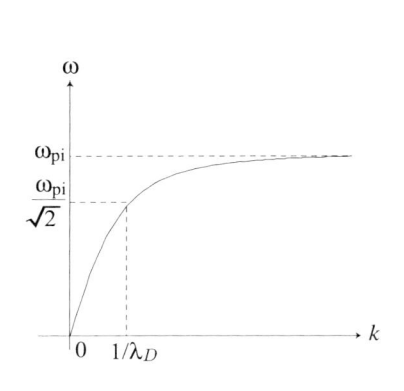

図 3.4 イオン音波の分散関係

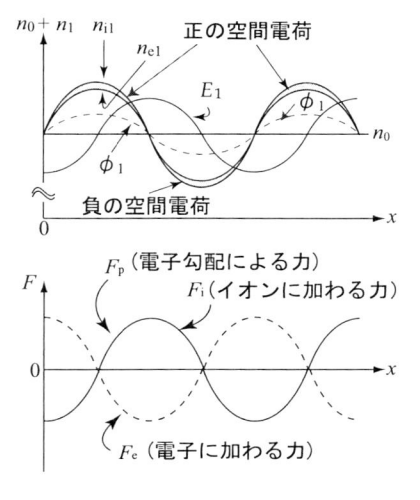

図 3.5 イオン音波の物理的説明
(関口 忠:「プラズマ工学」, p.114, 図 5.4, 電気学会, 1997 年より転載.)

$$-en_0E_1 - ik\kappa T_{e0}n_{e1} = 0 \tag{3.20}$$

で書ける．ここで左辺第 1 項は電子に働く静電力 F_e，一方，第 2 項は電子の圧力勾配による力 $F_p = -\partial p_{e1}/\partial x = (\gamma_e \kappa T_{e0})(-\partial n_{e1}/\partial x)$ であるから，上式は常に $F_e + F_p = 0$ の関係があることを意味する．これらの関係を示す図 3.5 は，イオンと電子の密度変動分 n_{i1} と n_{e1} との間にわずかなずれがあり，これが誘起する空間電荷のために変動する静電ポテンシャル ϕ_1 (破線)，したがって変動電界 E_1 ($= -\partial \phi_1 / \partial x$) が生ずることを表している．これが式 (3.20) 左辺第 1 項の電子に加わる力 F_e を作り (下図の破線)，これとの和が 0 となるように，電子圧力勾配による力 F_p (下図の実線) が作用する．またイオンには $F_i = -F_e(= F_p)$ の力が働いて，これが復元力として波を維持する．なお，式 (3.20) 左辺第 2 項の複素記号 i は，この項 (F_p) が変動量 n_{e1} より位相が 90° だけ空間的にずれることを表す．

3.4　ペアプラズマ波

前節までの電子波とイオン音波の特性の違いは，一つにはプラズマを構成する荷電粒子の電子とイオンの質量が大きく異なることに起因している（水素プラズマ：$m_i/m_e = 1837$）．もし，質量の等しい正と負の荷電粒子群のみから構成されるプラズマが実現されるならば，その中での基本的静電波は通常の電子-正イオンプラズマ中の電子波とイオン音波とどのような関係にあるのかが興味深い．近年に，宇宙物理研究において取り扱われている電子-陽電子からなる反物質中性プラズマ ($e^+ - e^-$) に加えて，炭素のみからなる分子のフラーレンである C_{60} を用いた正イオン-負イオンのみを含むプラズマ ($C_{60}^+ - C_{60}^-$) の生成が実現されたので，正負同質量荷電粒子のみから構成されるペアプラズマ中の集団運動を解析してみよう．

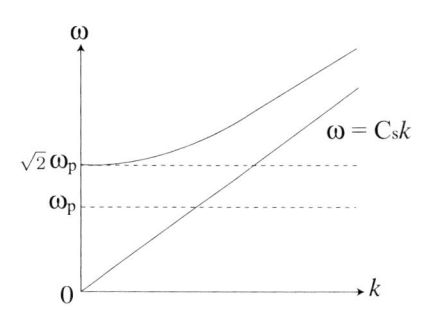

図 3.6　ペアプラズマ中の静電波分散関係

連続の式および運動方程式 (2.16)〜(2.19) などにおいて，$m_i = m_+$, $m_e = m_-$, $T_i = T_+$, $T_e = T_-$, $n_{i0} = n_{+0}$, $n_{e0} = n_{-0}$, $n_{i1} = n_{+1}$, $n_{e1} = n_{-1}$, $u_{i1} = u_{+1}$, $u_{e1} = u_{-1}$ などと置き換える．等温変化を仮定し ($\gamma = 1$)，$p_+ = n_+ \kappa T_+$, $p_- = n_- \kappa T_-$, $T_{+1} = T_{-1}$ として，一次の項まで残す線形化を行うと次の方程式系が得られる．

$$-i\omega n_{-1} + ikn_{-0}u_{-1} = 0, \tag{3.21}$$

$$-i\omega n_{+1} + ikn_{+0}u_{+1} = 0, \tag{3.22}$$

$$-i\omega m_- n_{-0} u_{-1} - iken_{-0}\phi_1 + ik\kappa T_- n_{-1} = 0, \tag{3.23}$$

$$-i\omega m_+ n_{+0} u_{+1} + iken_{+0}\phi_1 + ik\kappa T_+ n_{+1} = 0, \tag{3.24}$$

$$k^2 \phi_1 - \frac{e}{\epsilon_0}(n_{+1} - n_{-1}) = 0. \tag{3.25}$$

$n_{+0} = n_{-0} \equiv n_0$, $m_+ = m_- \equiv m$, $T_+ = T_- \equiv T$, と置くと式 (3.21)〜(3.25) より，ペアプラズマ中の静電波の分散式が次のように導かれる．

$$\omega^2 - C_s^2 k^2 = 0, \tag{3.26}$$

$$\omega^2 - C_s^2 k^2 - 2\omega_p^2 = 0. \tag{3.27}$$

ここで，$C_s = (\kappa T/m)^{1/2}$，$\omega_p = (n_0 e^2/\epsilon_0 m)^{1/2}$ であり，式 (3.26) は音波 ($\omega = C_s k$)，式 (3.27) はプラズマ波 ($\omega = (C_s^2 k^2 + 2\omega_p^2)^{1/2}$) を表しており，図 3.6 のような分散関係となっている．正負同質量のイオンのみからなるペアイオンプラズマ中のイオン音波は通常の電子–正イオンプラズマ中のイオン音波と異なり，質量が小さい電子のデバイ遮蔽効果がないので図 3.4 のようにイオンプラズマ振動数近くで分散する（曲がる）ことはない．また，ペアプラズマ中のイオンプラズマ波は電子–正イオンプラズマ中電子波の遮断周波 $\omega_{pe}/2\pi$ が桁違いに大きく下がって，$\omega_{pi}/2\pi$ に近づき縮退傾向にあるものと見なすことができる．

3.5　イオンサイクロトロン波

以上では静磁界が存在しない場合を扱ってきたが，プラズマに静磁界が印加されるとさらに多種類の波動が現れる．ここでは一つの例として，前節のイオン音波の範疇に分類されそれよりも高い周波数帯にあるイオンサイクロトロン周波数近傍 ($\omega \sim \omega_{ci}$) の静電波，すなわちイオンサイクロトロン波について説明する．なお，これ以降は再び通常の電子–正イオンプラズマのみを対象とする．

3.3 節のイオン音波において，一様静磁界 B_0 が存在し，かつ静電波の波数 k がそれにほぼ垂直な場合について考える．その様子を図 3.7 に示している．$T_i = 0$ でもイオン音波は伝搬するので，以下簡単のために $T_i = 0$ とする．イオンの運動については $E = E_1 \mathbf{1}_x$，$\nabla = ik\mathbf{1}_x$ としてよい．一方，電子に対しては，$\pi/2 - \theta$ が 0 である場合と小さいが有限である場合とでは大きな違いがある．電子はラーマー半径が小さいので，電荷の中性を保とうと x 方向に動こうとしても動けず，電界 E は

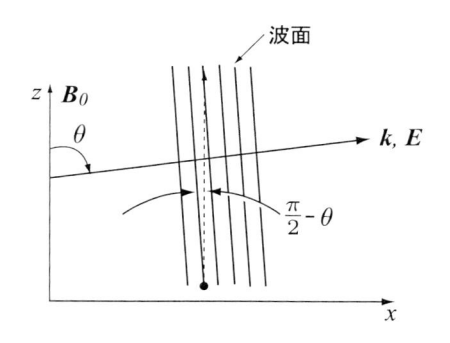

図 3.7　B_0 に対してほぼ垂直に伝搬する静電イオンサイクロトロン波
(Francis F. Chen（内田岱二郎訳）:「プラズマ物理入門」, p.87, 図 4.23, 丸善, 1977 年より転載.)

y 方向に電子を $\boldsymbol{E} \times \boldsymbol{B}$ ドリフトさせることができるだけである．しかし θ がちょうど $\pi/2$ でなければ，電子は図 3.7 の $\boldsymbol{B}_0$ に平行な破線に沿って波の中を動くことができ，電荷を負の電位領域から正の領域へ運び，デバイ遮蔽を形成する．イオンの場合には，その慣性のために波の 1 周期の間に長い距離を動くことができず，電子の場合のようなことはほとんど起こらない．このため，イオンに対しては k_z を無視することができる．この臨界角 $\chi = \pi/2 - \theta$ は，イオンの電子に対する磁力線方向の速度の比に比例する： $\chi \simeq (m_e/m_i)^{1/2}$ [rad]．これより大きい角度 χ については以下の記述が成り立つ．

イオンの運動方程式は，

$$m_i \frac{\partial \boldsymbol{u}_{i1}}{\partial t} = -e\boldsymbol{\nabla}\phi_1 + e\boldsymbol{u}_{i1} \times \boldsymbol{B}_0. \tag{3.28}$$

x 方向に伝搬する平面波を仮定し，成分に分けると

$$-i\omega m_i u_{ix} = -eik\phi_1 + eu_{iy}B_0, \tag{3.29}$$

$$-i\omega m_i u_{iy} = -eu_{ix}B_0 \tag{3.30}$$

となり，これを解くと

$$u_{ix} = \frac{ek}{m_i\omega}\phi_1 \left(1 - \frac{\omega_{ci}^2}{\omega^2}\right)^{-1} \tag{3.31}$$

が得られる．ここで，$\omega_{ci} = eB_0/m_i$ はイオンサイクロトロン周波数である．イオンの連続の式より

$$n_{i1} = n_0 \frac{k}{w} u_{ix} \tag{3.32}$$

が得られる．角度 χ を有限とし，そのため電子は $\boldsymbol{B}_0$ に沿って動けると仮定すると，電子についてはボルツマン分布していると考えることができるので

$$\frac{n_{e1}}{n_0} = \frac{e\phi_1}{\kappa T_e} \tag{3.33}$$

の関係式が得られる．プラズマ近似 $n_i = n_e$ を用いると方程式は閉じて，式 (3.31)〜(3.33) より

$$\omega^2 = \omega_{ci}^2 + k^2 C_s^2 \tag{3.34}$$

の関係式が求められる．これが，**静電イオンサイクロトロン波**に対する分散関係である．

イオンは音波型の振動をするが，ローレンツ力が式 (3.34) の ω_{ci}^2 の項で示される新しい復元力になる．$k^2 C_s^2$ の付加項は，磁力線方向の電子の動きによるデバ

イ遮蔽効果を表しており，静電イオンサイクロトロン波の周波数は ω_{ci} より少し高くなっている．

3.6　ドリフト波

これまでは，すべて空間的に一様なプラズマ中の波動を論じてきた．しかし，実際のプラズマ中では必ず空間的な不均一性がある．特に，実験室内でプラズマを閉じ込めるときには，プラズマ中に必然的に密度勾配が存在し，それがプラズマ中の波動に色々な影響を与える．その中で最も著しいのは，一様なプラズマ中には存在しない種類の波が，密度勾配が原因で現れることである．この波は，その発生の機構が磁界中の荷電粒子のドリフトと密接に結びついているので，ドリフト波と呼ばれており，トカマクなどのすべてのプラズマ閉じこめ装置でこの波による不安定性（ドリフト不安定性）が起こる可能性がある．ドリフト不安定性は，プラズマ中における磁界を横切る荷電粒子の異常拡散（ボーム拡散という）の主原因であろうと推測され，核融合研究の立場からその重要性がこれまで認識されてきた．以下に，ドリフト波の存在を直感的に説明する．

図 3.8 に示すように，z 方向の一様静磁界 $\boldsymbol{B}_0$ 中で，x の正方向に平均プラズマ密度 $n_0(x)[n_{e0} = n_{i0}]$ が減少していくものとする．プラズマ温度は一様で，簡単のため $T_e \gg T_i$ を仮定し，$\omega \ll \omega_{ci}$ の低周波領域の波を考える．励起される波の伝搬方向を決める波数ベクトル $\boldsymbol{k}$ は yz 面内にあるものとする．

さて，密度勾配が存在すると，二流体方程式中の運動方程式 (2.18)，(2.19) に見られるように，イオンと電子には圧力勾配による力 $\boldsymbol{F}_{i,e} = -\nabla p_{i,e}/n_0 = -\kappa T_{i,e}(\nabla n_0/n_0)$ が作用する．

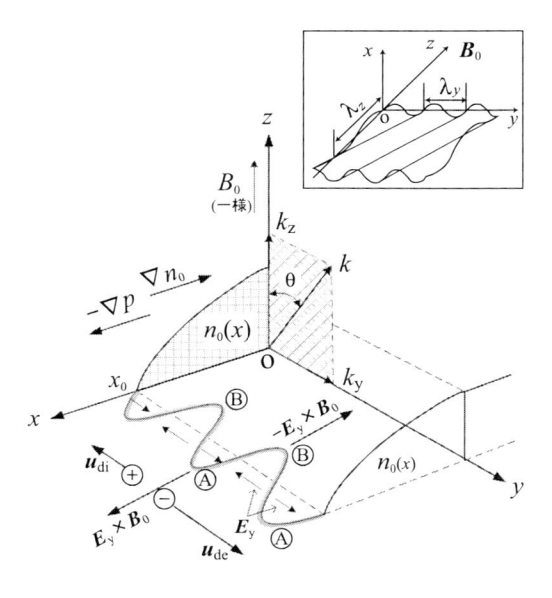

図 3.8　ドリフト波の機構の説明

このとき，式 (1.15) によれば次式で与えられるように，イオンは y 軸の負方向に（$\boldsymbol{u}_{di}$），電子は正方向に（$\boldsymbol{u}_{de}$）ドリフトする（仮定より，$|\boldsymbol{u}_{de}| \gg |\boldsymbol{u}_{di}|$である）．

$$\boldsymbol{u}_{di} = \frac{\kappa T_i}{eB_0}\left(\frac{\boldsymbol{B}_0}{B_0} \times \frac{\boldsymbol{\nabla} n_0}{n_0}\right), \tag{3.35}$$

$$\boldsymbol{u}_{de} = -\frac{\kappa T_e}{eB_0}\left(\frac{\boldsymbol{B}_0}{B_0} \times \frac{\boldsymbol{\nabla} n_0}{n_0}\right). \tag{3.36}$$

ここで，もしプラズマのエッヂ近くの $x = x_0$ 上で，図中の E_y で示すように電界の擾乱が生じたとすると，$\boldsymbol{E}_y \times \boldsymbol{B}_0$ ドリフトが x の正負方向に起こる．そのために，等密度線が図示のように波打つことになり，$x = x_0$ 座標上の A 部分は密度が高く，B の部分では密度が低くなる．同時に，A 部分の電子は電界 E_y に逆らって y の正方向にドリフトするので電界にエネルギーを与え，B の部分では逆に電界 E_y によって加速を受けるので電子は電界 E_y からエネルギーをもらう．すなわち，粒子数の多い A の部分で，電子のドリフト運動が波動 E_y に与えるエネルギーの方が，B の部分で電子が波動からもらうエネルギーよりも多い．このようにして波動 E_y は電子のドリフト運動からエネルギーをもらって成長する．これが磁界 $\boldsymbol{B}_0$ と垂直方向のプラズマ密度の空間勾配によって発生するドリフト不安定性（波）の定性的な説明である．ドリフト波は図 3.8 の挿入図に示すように，磁力線方向の波長が長く（$\lambda_y \ll \lambda_z, k_z \sim 0$），$\omega \simeq k_y|\boldsymbol{u}_{de}|$ の周波数で $\boldsymbol{u}_{de}$ 方向（y の正方向) に伝搬する．

3.7　無 衝 突 減 衰

　通常，気体や液体，固体中の波は，粒子間の衝突によるエネルギー散逸が原因で減衰する．しかし，プラズマ中の縦波は無衝突であっても減衰することが，ランダウ（L. D. Landau）によって予言され，後に実験で確認された．このランダウ減衰は次のようにして起こる．

　今，x の正方向に進むイオン音波の位相速度 v_p に等しい速度で動く座標系で波を観測しているとすると，波のポテンシャル $\phi_1(x)$ は図 3.9 のように，空間的には正弦波的に変化し時間的に静止して見える．したがって，波の高周波電界 E_1 を介してイオン群と波との間にエネルギーの授受が起こる．しかし，速度が $v_x < 0$ の粒子，および $v_x > 0$ でも $v_x \gg v_p$ または $v_x \ll v_p$ の粒子は，両者間の相対速度が大きす

3.7 無衝突減衰

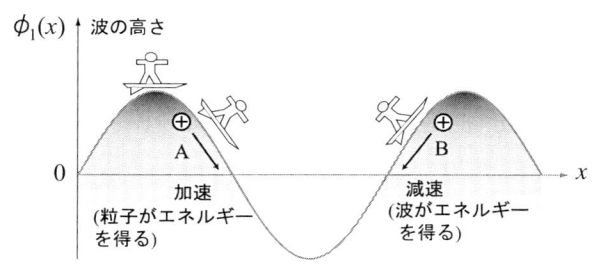

図 3.9 波と共鳴粒子との相互作用およびランダウ減衰の物理的解釈のための例え

ぎて相互作用の時間が短く，波と粒子群の間に大きなエネルギーの授受が起こらない．そこで，結局，波の位相速度にほぼ等しい速度で走るイオン群（$v_x \sim v_p$，これらを共鳴粒子と呼ぶ）は，波の電界をほぼ定常的（直流的）に感じるため，波とエネルギーのやり取りを効率よく行う．その結果，図3.9のA点にあるイオンは加速され，波はイオンへエネルギーを与え，B点のイオンは逆に減速され、イオンから波はエネルギーを得る．同図に示す海岸に打ち寄せる波に乗るサーフィンボードをイメージするとよい．波と相互作用するプラズマ粒子の速度分布関数が図1.4のようなマクスウェル分布の場合は，v_x が大きくなると共に粒子の数が exponential に減少していく．したがって，共鳴粒子のうち波の位相速度より遅く走る（$v_x < v_p$）イオンの数が速く走る（$v_x > v_p$）イオンのそれより多いので，平均して波はそのエネルギーを失い，イオンは逆にエネルギーを得ることになる．このため，プラズマは加熱され，波は減衰する．これがランダウ減衰の物理的内容である．正確な記述のためには，プラズマを流体として波を記述したこれまでの扱いは不十分であり，プラズマ中の荷電粒子の速度分布関数を考慮した運動論的取り扱いが必要となる．

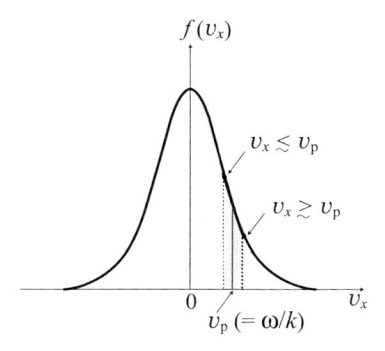

図 3.10 分布関数における共鳴粒子のランダウ減衰への寄与の説明

3.8 非線形現象と乱れ

　これまでは微小振幅の波動の分散式に注目してきたが，プラズマ中の波動は必ずしも微小振幅とは限らない．微小振幅の線形波動の性質はよく分かってきたが，大振幅の波動伝搬およびその背景プラズマにもたらす影響などについては不明な点が多く，現在も重要な研究対象となっている．大振幅の波になると，非線形効果を考慮しなければならない．これは，粒子と波の相互作用，波と波の相互作用，粒子と粒子の相互作用に起因するものに分類されるが，ここでは詳細を割愛する．

　プラズマ中の非線形効果としてよく知られている現象に，イオン音波などに存在する孤立波（ソリトン）や衝撃波（ショック）がある．前者は波形を変えず伝搬する性質があるので，津波の解析に使われたり，次世代高速大容量光通信への応用（ソリトン通信）が考えられている．後者は，太陽からの荷電粒子流からなる太陽風の地球磁気圏への突入の際，あるいは航空機飛行時に形成されることなどに見られるように，自然界に多く観測される現象でもある．

　上述のようなプラズマ中の非線形過程を考察する場合には，原理的にはそれらの過程は整然と進行し，再現できるという立場をとっている．しかし，実際のプラズマ中には振動やノイズが自然発生し，すなわち不安定性が現れ，外的条件がまったく同じであっても，プラズマ中の現象はすべて再現可能な訳ではない．

　この状況は液体の場合に似ている．つまり，速度がしたがってレイノルズ数が小さい間は，液体中の流れは整流（laminar flow）である．しかしレイノルズ数が大きくなり，粘性による散逸の役割が小さくなると，液体の流れは乱流的となって，渦の発生，渦同士の相互作用，渦の変換といった複雑な過程が自然発生的に展開する．プラズマ中では，密度が低い場合や温度が高い場合には粒子間の衝突による散逸効果が小さいので，小さな変動が成長し複雑な無秩序運動が発達する条件が容易に満たされる．この不安定波動が発生しているプラズマは，乱れたプラズマ（プラズマ乱流）と呼ばれており，液体とは異なって，様々なタイプの乱れた状態があり，可能な流れや不安定波動の種類がはるかに多彩である．

　このようなプラズマ中の乱れの現象を理解するためには，まず各種不安定性の機構，つまり微小変動が成長するあらゆる機構を線形理論を用いて解析し，不安定性の分類を行うことから始まる．その後乱れの過程で，それらの不安定性を抑制したり，増長したりする非線形機構を解明するという研究展開がなされてきて

いる．実際に核融合プラズマにおいては，プラズマがいつも崩壊しようとし，閉じ込め容器の壁に向って飛び出すための「通路」を「探し求めて」いると考えても何の不思議もない．もっとも早い崩壊は，次章のプラズマの電磁的性質由来の理想 MHD 不安定が発生したときに起こる．このときプラズマは，切れぎれの巨視的な塊の形で壁に向って飛び出す．この MHD 不安定を安定化すると，次にはもっと弱い散逸不安定が現れ，さらにそれも安定化すると，いっそう弱い密度勾配起因のドリフト不安定が現れる．温度勾配も存在すると異なる周波数の他の不安定も現れ，これら 2 つの不安定波動間で非線形相互作用が発生し，現象がより複雑になる．このような不安定性による乱流状態に起因するプラズマ中の荷電粒子拡散には異常性があり，いわゆる**異常輸送現象**の解明が核融合プラズマ閉じ込め研究における現代的課題の一つである．

演 習 問 題

3.1 静電波が縦波であることを前提として，電界 E を電磁ポテンシャルで表す式を用いることによって，"静電" の意味を確認せよ．

3.2 式 (3.7) から (3.10) までの式を用いて実際に計算し，その過程を示して式 (3.12) の電子波の分散式を求めよ．また，波長が短い極限では，電子波の位相速度と群速度が等しいことを示せ．

3.3 式 (3.15) から (3.18) までの式を用いて実際に計算し，その過程を示して式 (3.19) のイオン音波の分散式を求めよ．また，波長が短い極限では，イオン音波の周波数はどのような値になるかをイオンの質量 m_i と密度 n_0 を用いて示し，かつそれは何と呼ばれるかを書け．

3.4 イオン音波は電子温度が有限ならば，イオン温度が零の場合でも伝搬することができる．この理由について考察せよ．

3.5 式 (3.21) から (3.25) までの式を用いて実際に計算し，その過程を示して式 (3.26) および (3.27) のペアプラズマ波の分数式を求めよ．また，イオン音波とは異なり，なぜプラズマ振動数近傍で分散がないのかを考察せよ．

3.6 静電イオンサイクロトロン波の位相速度と，音速 C_s およびイオン音波の位相速度の間の大小関係について説明せよ．

3.7 ドリフト波はどうしてユニバーサル不安定性と呼ばれるか，その理由について考察せよ．

3.8 無衝突プラズマ中の波動が減衰するのではなく，逆に成長する場合（逆ランダウ減衰と呼ばれる）には，プラズマ粒子の速度分布関数がどのような型になっているのかを示せ．また，その状況は実際にはどのような実験によって実現されるのかについて，例をあげて答えよ．

4 プラズマの電磁的性質

4.1 プラズマ中の電磁波

 一般に,波の進行方向とその波の電界,磁界のベクトルがお互いに垂直の関係にある場合を横波といい,電磁波(光)はその典型例であり,真空中を光速 $c = 3.0 \times 10^8$ m/s で伝搬する.今,この電磁波がプラズマ中を伝搬しているものとする.電磁波の角周波数 ω が十分大きくなると,プラズマ中の軽い電子でさえその電界の速い変動についていけなくなるので,波はちょうど,真空中の電磁界と同じように伝わる.したがって,その分散式は,真空中の電磁波の分散式である $\omega = \pm ck$ に漸近的に近づく.

 ここで,ω を十分大きい値から次第に小さくしていくと,電子は次第に電界の変動に追随して動くようになる.簡単のため,静磁界がない($\boldsymbol{B}_0 = 0$)均一な無衝突の冷たいプラズマ($T_e = 0$)を扱い,イオンは動かない($\boldsymbol{u}_i = 0$)場合を考える.この状況はちょうど,真空中を荷電粒子が動いて電流

$$\boldsymbol{j} = e(n_i\boldsymbol{u}_i - n_e\boldsymbol{u}_e) \simeq -en_e\boldsymbol{u}_e \tag{4.1}$$

が流れる状態がプラズマであるとし($\boldsymbol{j}$:プラズマ電流),電子は運動方程式 (2.19) を簡略化した

$$m_e \frac{d\boldsymbol{u}_e}{dt} = -e\boldsymbol{E} \tag{4.2}$$

で記述されることに対応している.プラズマ中の電磁界はマクスウェル方程式

$$\boldsymbol{\nabla} \times \boldsymbol{E} = -\frac{\partial \boldsymbol{B}}{\partial t}, \tag{4.3}$$

$$\boldsymbol{\nabla} \times \boldsymbol{B} = \mu_0 \boldsymbol{j} + \epsilon_0 \mu_0 \frac{\partial \boldsymbol{E}}{\partial t} \tag{4.4}$$

に従って変動する.真空中ならば $\boldsymbol{j} = 0$ であって,変位電流 $\epsilon_0 \partial \boldsymbol{E}/\partial t$ が波の磁界をつくる.

 $\boldsymbol{E}$, $\boldsymbol{u}_e \propto \exp[i(kx - \omega t)]$ とすると,式 (4.2) より $-i\omega m_e \boldsymbol{u}_e = -e\boldsymbol{E}$ が得られ,これを式 (4.1) に代入するとプラズマ電流は

$$j = i\frac{\epsilon_0 \omega_{pe}^2}{\omega} \boldsymbol{E} \tag{4.5}$$

と求まる（ω_{pe} は式 (1.55) で表される電子プラズマ振動数）．この電流は変位電流 $\epsilon_0 \partial \boldsymbol{E}/\partial t = -i\omega\epsilon_0 \boldsymbol{E}$ と符号がちょうど逆であり，プラズマ電流は変位電流を打ち消す方向に流れる．さらに，$\omega = \omega_{pe}$ に達すると変位電流はプラズマ電流により完全に打ち消され，波が伝搬しなくなる．こうして，静磁界がないプラズマ中では，$\boldsymbol{\omega_{pe}}$ より低い振動数をもつ横波は伝搬しないという一般的な結論が得られる．

今，図 4.1 のように平面の境界で真空と隣り合っているプラズマを考え，それに垂直に高周波電磁界を照射すると，波はプラズマの中へ有限の距離だけ浸み込んで反射される．この浸み込み距離を計算してみる．式 (4.3) の両辺に $\boldsymbol{\nabla}\times$ の演算を施した後に，式 (4.4) を代入すると

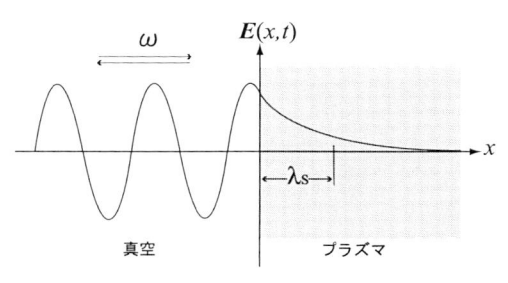

図 4.1 プラズマへの電磁波の入射

$$\boldsymbol{\nabla}\times(\boldsymbol{\nabla}\times\boldsymbol{E}) = \boldsymbol{\nabla}(\boldsymbol{\nabla}\cdot\boldsymbol{E}) - \boldsymbol{\nabla}\cdot\boldsymbol{\nabla}\boldsymbol{E} = -\frac{\partial}{\partial t}\left(\mu_0 \boldsymbol{j}_p + \epsilon_0\mu_0 \frac{\partial \boldsymbol{E}}{\partial t}\right) \tag{4.6}$$

となる．ここでは横波（$\boldsymbol{k}\perp\boldsymbol{E}$）を扱っているから $\boldsymbol{\nabla}\cdot\boldsymbol{E}=0$ であり，さらに式 (4.5) を代入すると

$$\boldsymbol{\nabla}\cdot\boldsymbol{\nabla}\boldsymbol{E} = \Delta\boldsymbol{E} = i\epsilon_0\mu_0\frac{\omega_{pe}^2}{\omega}\frac{\partial \boldsymbol{E}}{\partial t} + \epsilon_0\mu_0\frac{\partial^2 \boldsymbol{E}}{\partial t^2} \tag{4.7}$$

と求まる．$\Delta = \nabla^2 = -k^2$，$\partial \boldsymbol{E}/\partial t = -i\omega\boldsymbol{E}$，$\partial^2\boldsymbol{E}/\partial t^2 = -\omega^2\boldsymbol{E}$，$\epsilon_0\mu_0 = 1/c^2$ より $k^2\boldsymbol{E} = (\omega^2/c^2)(1-\omega_{pe}^2/\omega^2)\boldsymbol{E}$ が得られる．よって，分散式は

$$\omega^2 = \omega_{pe}^2 + k^2 c^2 \tag{4.8}$$

で与えられ，これを図示すると $\omega \geq \omega_{pe}$ では図 4.2 のようになる．結果的には図 3.3 の電子プラズマ波（縦波）

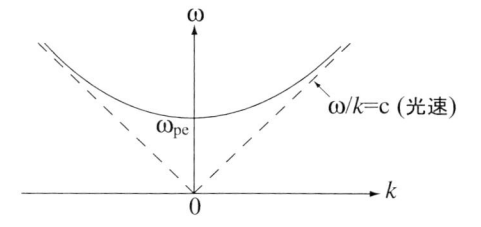

図 4.2 静磁界がないプラズマ中の電磁波の分散関係

の場合と似ているが，ω（または k）の増大とともに位相速度 $v_p = \omega/k$ が電子の熱速度 v_{te} の代わりに，真空中の電磁波の速度（光速 c）に近づく点が大きく異なる．

式 (4.8) からわかるように，周波数が減少して $\omega < \omega_{pe}$ となると波数 k が純虚数となって波は伝搬しなくなる．すなわち，周波数 $f = f_{pe}$ が遮断周波数となり，波が伝搬領域からこの遮断周波数の端面に到達すると反射されてしまう．この場合，$k = \pm ik_i (k_i > 0)$ と求まるが許される解は，$x \to +\infty$ で $\boldsymbol{E} \to 0$ となる $\boldsymbol{E} \propto \exp(-k_i x - i\omega t)$ である．ここで，

$$k_i = \frac{\sqrt{\omega_{pe}^2 - \omega^2}}{c} \tag{4.9}$$

である．このように電磁波がプラズマ表面の有限な距離だけ浸み込む現象は，電磁気学で学習した表皮効果（skin effect）の一つの現れであり，$\lambda_s = 1/k_i$ を表皮の厚さ（skin depth）という．

以上の結果は，たとえば図 4.3 に示すように地球上の国際無線通信で重要な意味を持つ．以前には，すでに 1.4.3 項で簡単に述べたようにこれに周波数～30 MHz 程度の短波が使われたが，地球上数百 km の上空に地球を取り巻いて存在する「天然」プラズマ層である電離層を実質的な「反射板」として利用し，地球の裏側と通信するものであった．この電離層は太陽風の影響を受け，反射面が不規則変動するため安定な通信は難しかった．一方，現在光ファイバー海底通信ケーブルとともに国際通信の主力となっている衛星（無線）通信では，周波数 GHz 以上のマイクロ波が用いられる．これは静止衛星が地表上約 36000 km の宇宙空間内にあり，上記の電離層を何度か通過（透過）する必要から必然的に $\omega > \omega_{pe}$ が要求されるからである．

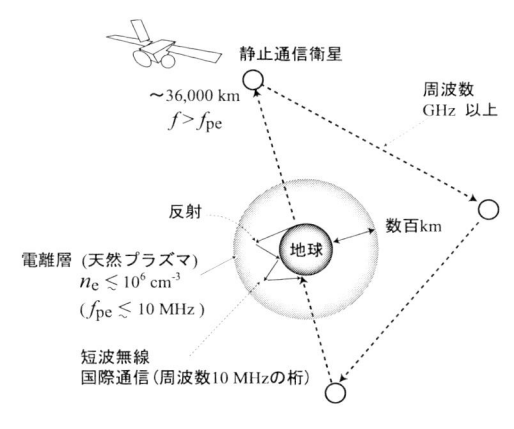

図 4.3　以前の短波通信と近代の衛星通信
（関口　忠：「プラズマ工学」，p.124，図 5.11，電気学会，1997 年より転載．）

なお，式 (4.8) の関係は，研究または実用目的のために電子プラズマ周波数 f_{pe}, したがってプラズマ電子密度 n_e を直接計測するのによく利用される．

4.2 表 面 波

上述のように，静磁界がない場合には高密度プラズマの内部には電磁波は進入できない．しかし，図 4.1 において，紙面に垂直方向，つまり z 方向にはプラズマ表面に沿って表面波として伝わることができる．電磁波工学分野の表面波線路においても，図 4.4 の媒質 I, II（II は大気）の界面に沿う波の位相速度 v_p が光速 c より遅いとき，媒質 II において x 方向に指数関数的に減衰する界パターンをもつ波が z 方向に進行するという類似の解析がなされている．

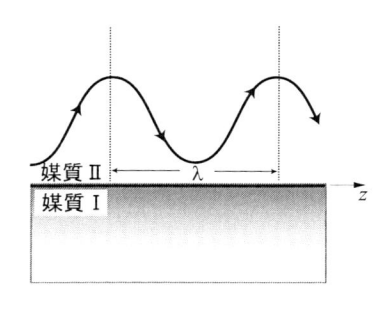

図 4.4 表面波線路での波の進行の様子

さて，ここでは媒質 I がプラズマで媒質 II が真空である．プラズマの場合の分散式 (4.8) において，波数 k を界面に沿う成分 k_z と垂直な成分 k_x に分けて ($k^2 = k_x^2 + k_z^2$) 書き直すと，

$$k_x^2 + k_z^2 = \left(\frac{\omega}{c}\right)^2 \left(1 - \frac{\omega_{pe}^2}{\omega^2}\right) \tag{4.10}$$

となる．もちろん，高密度プラズマ ($\omega_p > \omega$) のとき，上式の右辺は負となる．そこでプラズマの表面に沿って z 方向に伝わる波 ($k_z^2 > 0$) を考えると，式 (4.10) の左辺が負となるには，k_x^2 が十分大きい負の値をとればよいことがわかる．このとき，図 4.1 のように波の振幅は x 方向には指数関数的に減衰するが，界面に沿っては有限波数 k_z でもって伝搬することになる．この直角座標系における詳しい計算によると，表面波の分散式は，

$$k_z = \frac{\omega}{c} \left(\frac{\omega_{pe}^2 - \omega^2}{\omega_{pe}^2 - 2\omega^2}\right)^{1/2} \tag{4.11}$$

と求められている．

実際には図 4.5 に示されているように，金属壁と真空に囲まれたプラズマ円柱の表面に沿っての伝搬を扱う場合が多い．円形導波管モデルに基づいた解析結果

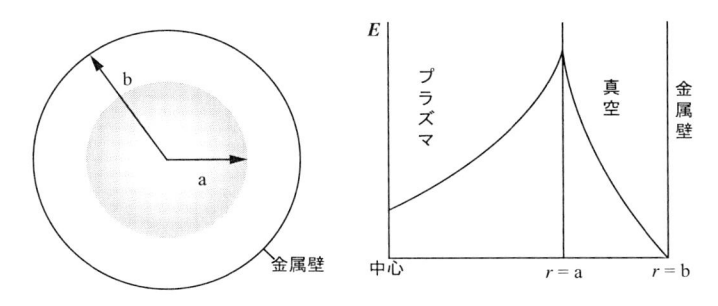

図 4.5 円形導波管中のプラズマ円柱と電界の半径方向分布

はベッセル関数表示となり，電界 $E(r)$ は同図のようにプラズマ表面 $r = a$ に集中し，確かに表面波となっている．なお，近年は表面波を用いた高密度プラズマの生成が盛んである．

4.3 外部磁界が存在する場合の電磁波

プラズマに外部磁界 $\boldsymbol{B}_0$ が加わっているときには，$\boldsymbol{B}_0$，$\boldsymbol{k}$ および変動電磁界 ($\boldsymbol{E}_1$，$\boldsymbol{B}_1$) の各方向の組み合わせにより様々な場合が起こり得る．その三つの組み合わせを図 4.6 に示している．これらのうち図 (a) は，変動電界 $\boldsymbol{E}_1$ が静磁界 $\boldsymbol{B}_0$ と平行，かつ伝搬 ($\boldsymbol{k}$) 方向が $\boldsymbol{B}_0$ に垂直な場合で，荷電粒子群に対する変動電界の影響は $\boldsymbol{B}_0$ と無関係であり，結果的には前節の磁界なしの場合と一致する．これを通常正常波（ordinary wave）と呼ぶ．

次に，同図 (b) は伝搬方向 $\boldsymbol{k}$ が静磁界 $\boldsymbol{B}_0$ と平行，かつ変動電磁界 $\boldsymbol{E}_1$，$\boldsymbol{B}_1$ が静磁界 $\boldsymbol{B}_0$ と垂直の場合で，通常 $\boldsymbol{B}_0$ の方向に対して右または左回りの円偏波となる．最後の図 (c) は，伝搬 ($\boldsymbol{k}$) 方向が $\boldsymbol{B}_0$ と垂直で，かつ変動電磁界の中で $\boldsymbol{E}_1$ は $\boldsymbol{B}_0$ と垂直，$\boldsymbol{B}_1$ は $\boldsymbol{B}_0$ に平行の場合で，異常波と呼ばれる縦波と横波の混合形となり，最も複雑な様相を呈する．

なお，図 4.6(b) に相当する外部磁界に平行に伝搬する電磁波の詳しい解析結果を，参考までに図 4.7 に分散式として示す．このように図 4.2 とは異なりかなり複雑になっていて，右偏波（R 波）および左偏波（L 波）ともに遮断（カットオフ）と共鳴が存在する．遮断はプラズマ中で屈折率（$= ck/\omega$）が 0 になるとき，すなわち波長が無限大のときに起き，共鳴は屈折率が無限になる，すなわち波長

4.3 外部磁界が存在する場合の電磁波

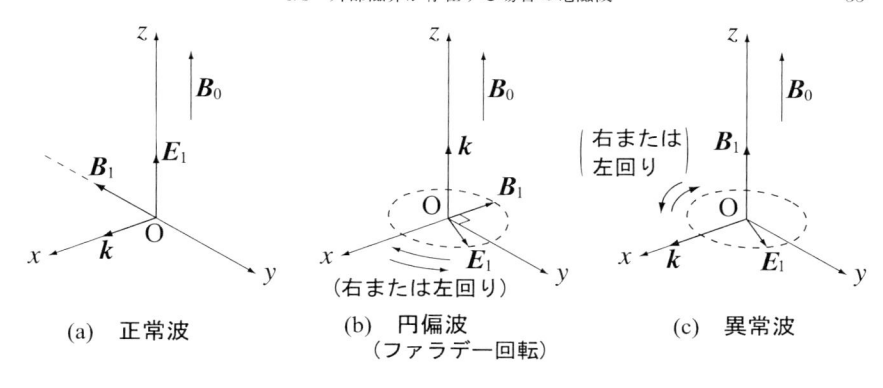

図 4.6 外部磁界が存在する場合の電磁波の姿態
(a) 正常波　(b) 円偏波（ファラデー回転）　(c) 異常波

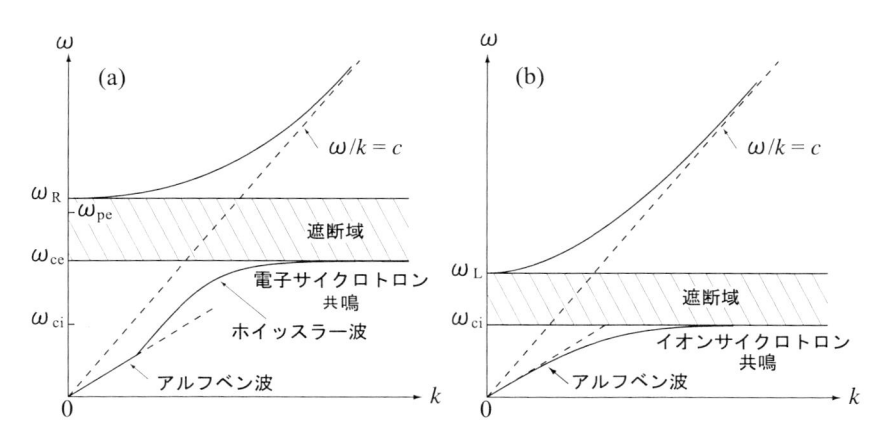

図 4.7 外部磁界に平行に伝搬する電磁波の分散関係
(a) 右偏波（R 波），(b) 左偏波（L 波）

が 0 になるときに起こる．密度（ω_p）や磁界（ω_c）が空間的に変化している領域を電磁波が伝搬していくと，遮断や共鳴に遭遇するが，一般に波は遮断の点で反射され，共鳴点で吸収される．なお，図 4.7 におけるホイッスラー波は，自然界の電波を受信観測しているときに聴こえる音が起源となって名付けられた．また，同図のアルフベン波は後の 4.6 節でやや詳しく述べる．

4.4 磁力線の凍結

プラズマの電磁的性質の典型例として導電性の流体と磁界との相互作用が挙げられるが，これを 2.4 節で扱った一流体近似の電磁流体力学で調べてみる．1.3.6 項で示したように，温度の高いプラズマの抵抗率は低く，場合によっては $\eta = 0$，すなわち完全導体と見なしてよい場合がある．この時プラズマ中の磁力線はプラズマに「凍結」してしまう傾向にある．プラズマは磁力線とともに，あるいは磁力線はプラズマと一緒に動くことになる．以下にこの現象を定量的に解析する．

プラズマ中に図 4.8 に示すように閉ループ C_0 を想定して，このループを横切る磁束の時間変化を求める．まず，磁界が時間とともに変化することによって生じる鎖交磁束 Φ は，面素ベクトル $d\boldsymbol{S}$ を用いると

$$\left(\frac{\partial \Phi}{\partial t}\right)_t = \int_{S_0} \frac{\partial \boldsymbol{B}}{\partial t} \cdot d\boldsymbol{S} \tag{4.12}$$

で表される．次に，磁界は時間的に変化せず，ループの運動によって Φ が変化する寄与を求める．図にあるように，$\boldsymbol{u} \times d\boldsymbol{s}$ は単位時間にループの線素 $d\boldsymbol{s}$ が掃引する面積である．この

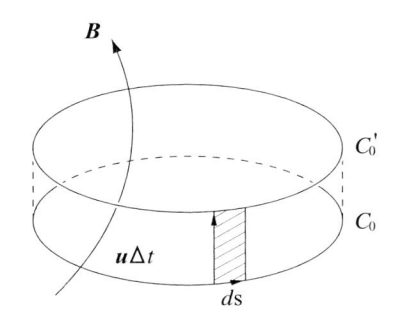

図 4.8 プラズマ中の閉ループに鎖交する磁束

面積を通る磁束は $\boldsymbol{B} \cdot (\boldsymbol{u} \times d\boldsymbol{s})$ である．したがってループの運動のみに起因する鎖交磁束の変化は，上式をループに沿って一回り積分した次式で与えられる．

$$\left(\frac{\partial \Phi}{\partial t}\right)_u = \oint_{C_0} \boldsymbol{B} \cdot (\boldsymbol{u} \times d\boldsymbol{s}). \tag{4.13}$$

ここで，$\boldsymbol{A} \cdot (\boldsymbol{B} \times \boldsymbol{C}) = \boldsymbol{C} \cdot (\boldsymbol{A} \times \boldsymbol{B})$ のベクトル公式を用いて変形し，ストークスの定理を用いると，

$$\left(\frac{\partial \Phi}{\partial t}\right)_u = -\oint_{C_0} (\boldsymbol{u} \times \boldsymbol{B}) \cdot d\boldsymbol{s} = -\oint_{S_0} \{\boldsymbol{\nabla} \times (\boldsymbol{u} \times \boldsymbol{B})\} \cdot d\boldsymbol{S} \tag{4.14}$$

となる．Φ の時間に対する全微分は，以上の二つの原因に基づく変化を加え合わせればよく，これにファラデーの電磁誘導の法則 (2.30) を適用すると次式で表される．

$$\frac{d\Phi}{dt} = \left(\frac{\partial \Phi}{\partial t}\right)_t + \left(\frac{\partial \Phi}{\partial t}\right)_u = -\int \{\boldsymbol{\nabla} \times (\boldsymbol{E} + \boldsymbol{u} \times \boldsymbol{B})\} \cdot d\boldsymbol{S}. \tag{4.15}$$

この式において，$E + u \times B$ は u なる速度で磁界中を動いている媒質が実効的に感じる電界である．一方，抵抗 η が十分小さい場合は，一般化したオームの法則 (2.28) を用いると $\nabla \times (E + u \times B) = 0$ が成立し，速度 u で動いている任意の表面を貫通する磁束は不変となる．高温プラズマの場合にこれがよく成立するということができる．この結果は，導電率無限大の流れ（完全導体流）においては，その中で流体とともに運動する任意の閉曲線と鎖交する磁束は，流体の移動によっても不変であること，換言すれば，磁力線と流体とは相互に凍結状態でしか運動できないことを示し，磁力線と流体との間に相対運動は起こりえないのである．

4.5 磁気圧とピンチ現象

前節で述べたように，磁力線がプラズマに凍りついた状態では，電磁流体としてプラズマを扱うことができる．今，時間変化のない平衡状態を考えることにすると，式 (2.27) において $\partial/\partial t = 0$ であるので

$$j \times B = \nabla p \tag{4.16}$$

が得られる．これにマクスウェル方程式 (2.30) を代入すると

$$(\nabla \times B) \times B = (B \cdot \nabla) B - \frac{1}{2} \nabla B^2 = \mu_0 \nabla p \tag{4.17}$$

となり，したがって

$$\nabla \left(p + \frac{B^2}{2\mu_0} \right) = (B \cdot \nabla) \frac{B}{\mu_0} \tag{4.18}$$

の関係が得られる．ここで，図 4.9 のように円柱状プラズマを対象とすると，多くの場合磁力線の曲率半径 R_c や磁力線に沿う B の変化の特徴的長さが，プラズマ半径 a に比べて大きいので式 (4.18) の右辺は 0 としてよい．つまり，

$$\nabla_\perp \left(p + \frac{B^2}{2\mu_0} \right) = 0 \tag{4.19}$$

となり，これより B に垂直方向には（プラズマ円筒断面内では）

$$p + \frac{B^2}{2\mu_0} = \text{const.} \tag{4.20}$$

の関係がある．

式 (4.20) の関係を図 4.9 の下側に示してある．これより，$(B^2/2\mu_0)$ 値はプラズマが存在しない外側領域 ($p=0$) では，外部から加えた磁界 B_0 に対応する $(B_0^2/2\mu_0)$ そのものであるが，プラズマ中心部に近づくにつれてプラズマ圧力分だけこの値から減少していく．この $(B^2/2\mu_0)$ は電磁気学で通常マクスウェルのひずみ力と呼ぶものであるが，プラズマ分野ではこれを**磁気圧**と呼ぶ．すなわち，磁力線はゴムひもの束に似ていて，その長さ方向には単位面積あたり $(B^2/2\mu_0)$ の張力を受けて自身は縮もうとし，一方，垂直方向には同じ大きさの圧力を受けて自身は膨れ上がろうとしていると考えれば，プラズマ圧力が後者の等価的な圧力（磁気力）と力学的に釣り合ってプラズマ閉じ込めの平衡が保たれることが直感的に感じとれる．なお，プラズマの圧力と外部磁界の圧力の比

$$\beta \equiv \frac{p}{B_0^2/2\mu_0} = \frac{n\kappa(T_e+T_i)}{B_0^2/2\mu_0} \tag{4.21}$$

を**ベータ比**という．

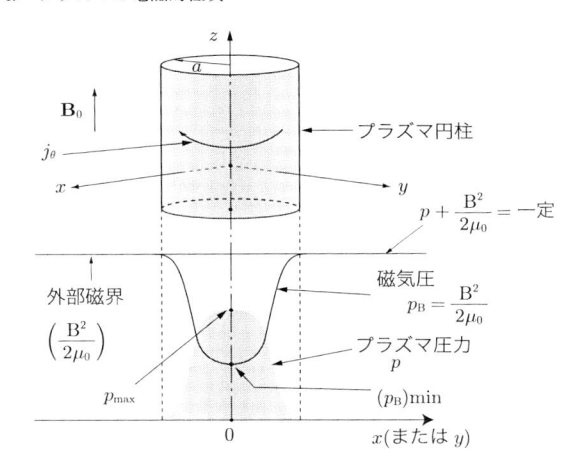

図 4.9 プラズマ圧力と磁気圧

一方，円柱状プラズマの軸方向に電流を流すと，円周方向に磁界が発生する．プラズマ表面における磁束密度 B，電流密度 j とすると，プラズマには単位体積当たり $j\times B$ の力が働く．この力が大きいと，プラズマ円柱は圧縮されて細くなる．これを**磁気ピンチ**という．

ピンチしたプラズマ円柱では様々な不安定性が発生する．たとえば，図 4.10 (a) のような変形が生じ，振幅が時間とともに増大する．これはプラズマ円柱の半径を

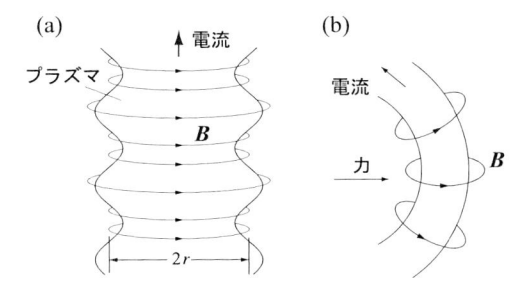

図 4.10 ソーセージ不安定性 (a) とキンク不安定性 (b)

r とすると，電流が一定の場合には $B \propto (1/r)$ である．したがって，プラズマ円柱のくびれた部分の B は大きく，$\boldsymbol{j} \times \boldsymbol{B}$ も大きい．このため，くびれは時間とともに成長する．図 4.10(a) の不安定性を，プラズマの形にちなんでソーセージ不安定性という．

また，プラズマ円柱が図 4.10(b) に示すように折り曲げられると，円柱の左側の B が大きくなるため，変形はますます増大する．これをキンク不安定性という．以上のほかに様々な変形が発生するが，それらを総称して，電磁流体力学的（**MHD**）不安定性という．

4.6 アルフベン波

プラズマは磁力線に凍りついているので，磁力線と垂直方向にプラズマが変位すると，磁力線も引きずっていき，磁力線が曲げられる．磁力線の張力 $T = B^2/\mu_0$ によりプラズマに復元力が働く．一方，慣性力は式 (2.22) の質量密度 $\rho_m (\simeq n_i m_i)$ に比例するので，図 4.11 に示すように，あたかも磁力線に垂直な方向にプラズマ流体が振動することによって磁力線を弦のようにつまびき，その振動が横波として磁力線に沿って伝搬していく．この波動をアルフベン波と呼び，弦の横振動の位相速度（= (張力／物質密度)$^{1/2}$）との類推により，ただちにその位相速度が

$$v_p = \frac{B}{\sqrt{\mu_0 n_i m_i}} \equiv V_A \tag{4.22}$$

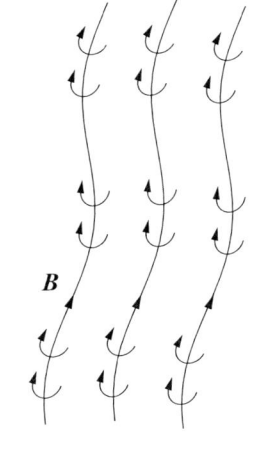

図 4.11 アルフベン波の伝搬

と求められ，V_A はアルフベン速度と呼ばれる．

ここで，式 (4.22) のアルフベン波の分散関係式を電子とイオンの熱運動がなく（$T_e = T_i = 0$），また電気抵抗 $\eta = 0$ の場合について，電磁流体力学方程式を線形化することによって求めてみる．運動方程式 (2.27) にマクスウェル方程式 (2.31) を代入し，誘導方程式 (2.30) にオームの法則 (2.28) を代入すると，

$$\rho_{m0} \frac{\partial \boldsymbol{u}_1}{\partial t} = -\frac{1}{\mu_0} \{\boldsymbol{B}_0 \times (\boldsymbol{\nabla} \times \boldsymbol{B}_1)\}, \tag{4.23}$$

$$\frac{\partial \boldsymbol{B}_1}{\partial t} = \boldsymbol{\nabla} \times (\boldsymbol{u}_1 \times \boldsymbol{B}_0) \tag{4.24}$$

となる．変数は $\boldsymbol{u}_1$，$\boldsymbol{B}_1$ の六つであり，微分方程式の数が六つであり，閉じた系になっている．第3章と同様に，変動量は平面波 $\exp[i(\boldsymbol{k}\cdot\boldsymbol{r}-\omega t)]$ で展開できるとすれば，$(\partial/\partial t) \to -i\omega$，$\nabla \to i\boldsymbol{k}$ と置き換えればよいので，

$$-\omega\rho_{m0}\boldsymbol{u}_1 = -\frac{1}{\mu_0}\{\boldsymbol{B}_0 \times (\boldsymbol{k} \times \boldsymbol{B}_1)\}, \tag{4.25}$$

$$-\omega\boldsymbol{B}_1 = \boldsymbol{k} \times (\boldsymbol{u}_1 \times \boldsymbol{B}_0) \tag{4.26}$$

が得られる．

座標系としては，外部印加磁界 $\boldsymbol{B}_0$ の方向を z 方向に選び，波数ベクトルは $x-z$ 平面上にあるものと，すなわち $\boldsymbol{k}=(k_x,k_z)$ とする．この場合，式 (4.25) と (4.26) の六つの式から，u_{y1} と B_{y1} に対する方程式を，次式のように閉じた系として取り出すことができる．

$$-\omega u_{y1} = \frac{1}{\mu_0\rho_{m0}}k_z B_0 B_{y1}, \tag{4.27}$$

$$-\omega B_{y1} = k_z u_{y1} B_0. \tag{4.28}$$

これより式 (4.22) と同様の分散式

$$\omega^2 = k_z^2 V_A^2 \qquad \left(V_A = \frac{B_0}{\sqrt{\mu_0\rho_{m0}}}\right) \tag{4.29}$$

が得られる．なお，アルフベン波中で振動している諸量の関係と磁力線の変形の様子を図 4.12 に示している．

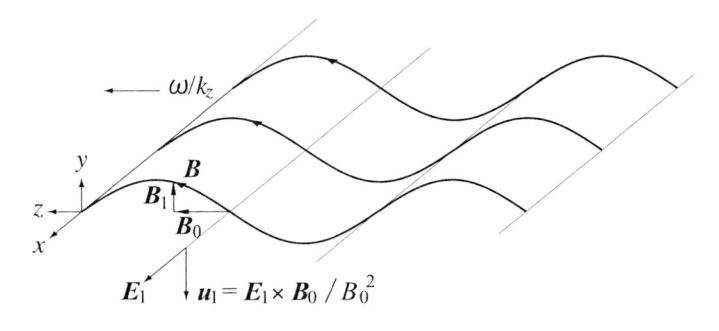

図 4.12　アルフベン波伝搬中の振動電磁界

4.7 磁力線の繋ぎ替え

4.4 節で述べた磁力線の凍結原理に従うと，ある源から出たプラズマは，そこにあった磁界は一緒に持ち出すが，他の領域にすでに存在していた磁界とはなじまず，排斥しようとすることを意味している．このことから，太陽風は太陽表面の磁界を惑星間空間に持ち出すが，地球磁界とはなじまず，排斥しようとする．太陽風の風圧（動圧）と地磁気のもつ磁気圧とが釣り合うところまで，地球磁界は太陽側から押し戻されることになる．しかし，その境界面上の一部で何らかの原因で電気抵抗が高まり（式 (2.28) において $\eta \neq 0$)，「凍結」が破られると話は異なる．

すなわち，太陽風が太陽表面から持ち出した磁界（これを惑星間空間磁界と呼ぶ）と地球磁界とを直接繋ぎ合わせ，太陽風プラズマをその磁力線に沿って磁気圏内部に侵入させようとすることになる．このように有限の電気抵抗の存在により，**磁力線の繋ぎ替えが起こる現象を磁気再結合**と呼ぶ．図 4.13 は南向きの惑星間空間磁界と地球磁界が定常的に繋ぎ替わったときのトポロジー（位相幾何学的な態様）である．星印（★）は磁気再結合の生じている位置を示し，矢印（⇒）はプラズマの運動を示している．磁気再結合は，「起源が異なる二つの磁化プラズ

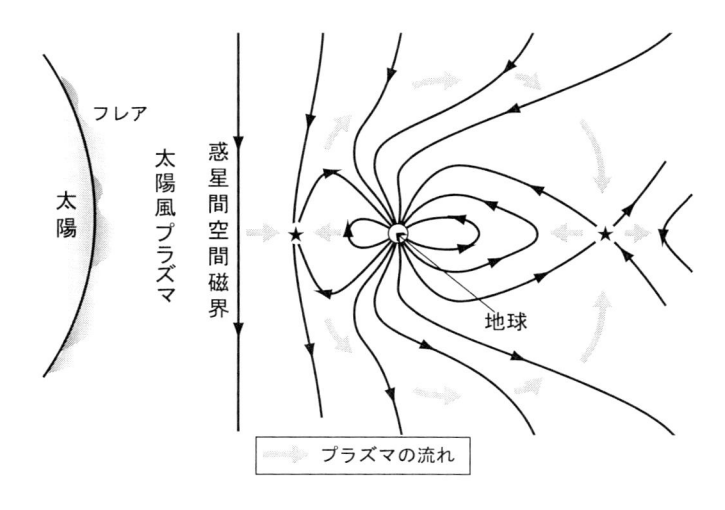

図 4.13　地球磁界と惑星間空間磁界の繋ぎ替わり（再結合）

マを混合させる」こと，および「プラズマを加速または加熱する」ことの二つの物理機構を含んでいる興味深い抵抗性プラズマ現象である．

4.8 天体からの電磁放射現象

地球や木星のようにダイポール（双極子）磁界を有する天体には，そこに捕捉された無衝突プラズマからなる磁気圏が存在し，地球上空でオーロラ粒子の加速が見られるように，天体では比較的容易に磁力線に沿う粒子加速が起こるようである．1970年代に入って，地上 $(1\sim 8)\times R_E$（R_E: 地球半径 $\simeq$ 約 6370 km）の距離の位置から強力な電磁波（$\sim 10^9$ W）が発射されていることが人工衛星によって確かめられた．その周波数領域は $50\sim 500$ kHz で，波長にして $6\sim 0.6$ km であることから，この電波は地球キロメートル波と呼ばれている．このことは，プラズマ中の加速されたオーロラ電子と波との線形・非線形相互作用によって発生した電磁波であることを示唆している．

地球と同様に，約 10 時間という地球よりも速く自転している木星に強いダイポール磁界（表面で約 4×10^{-4} テスラ）が存在しており，したがって木星にも磁気圏がある．この磁気圏プラズマから木星電波と呼ばれるデカメートル（10 m）波長帯の電磁波が地球にやってきていることが 1950 年代に発見された．

木星電波には二つの異なった電磁波源があり，一つは地球電波と同様のものであるが，もう一つは木星の衛星であるイオ衛星に関係があると言われている．イオ衛星が磁気圏プラズマ中を 56 km/s という相対速度で動いているため，$\boldsymbol{E}=-\boldsymbol{v}\times\boldsymbol{B}$ のダイナモ起電力がイオ衛星の両端に発生し，それによってイオ衛星を貫く磁力線に沿って電子が加速され，波が励起されるというモデルが提出されている．ここで，ダイナモとは，電気伝導性をもつ電磁流体が磁界中を運動することによって，電磁誘導で生じる起電力で電流を流し続け，磁界を維持する機構を言う．さらに地球や木星のほかに，土星や天王星からも電磁波が放射されているという証拠もある．

太陽系の惑星だけでなく，他の天体からも電磁波が放射されており，中でも興味深いのが 1968 年に発見されたパルサーであり，その後発見されるパルサーはどんどん増えている．パルサーには電波パルサー，光パルサー，X線パルサーがあり，最もよく観測されているのは電波パルサーである．パルサーの特徴は，地球上で信号が $0.03\sim 10$ 秒程度の規則的な周期でもって受信されることである．こ

の周期性を説明するために，パルサーは高速回転する中性子星であると考えられている．中性子星は普通の星が重力によって自己収縮し，最終的に重力破壊した残骸で，半径が 10 km 程度，周期 1 秒の桁で回転する星で，$10^6 \sim 10^8$ テスラの表面磁界をもつと言われている．

演 習 問 題

4.1 電子プラズマ波とプラズマ中の電磁波の特徴，分散式を比較して，その類似点と相違点を簡潔に述べよ．

4.2 プラズマへの電磁波入射の際に現われる表皮効果に関連して，一般の媒質中の電磁波伝搬の際に論じられる表皮効果の厚さ（skin depth）について復習してみよう．式 (4.5) の $\boldsymbol{j}$ の代わりに，式 (2.28) を簡略化したオームの法則 $\boldsymbol{j} = \sigma \boldsymbol{E}$ で置き換えて計算し，波数 k の実部 k_r と虚部 k_i を求めよ．ここで，$\sigma = \eta^{-1}$ であり，σ は電気抵抗の逆数で導電率と呼ばれる物質定数である．なお，一般の媒質を扱うことにしたので，$\epsilon_0 \to \epsilon$，$\mu_0 \to \mu$ $(\epsilon\mu = c^{-2})$ と置き換えて計算せよ．

4.3 上で求めた解において，電磁波の周波数が比較的低い場合，すなわち $\sigma \gg \epsilon\omega$ の場合の表皮の厚さ λ_s を求めよ．

4.4 プラズマ中を伝搬する電磁波の群速度を求めよ．また，その群速度と，光速 c および位相速度との間の大小関係について述べよ．

4.5 中心電極（陰極）と外部円筒電極（陽極）からなる同軸円筒容器に気体を導入し，電極間に印加した電圧により放電させると半径方向にプラズマ電流 $\boldsymbol{j}$ が流れる．この装置はプラズマガンと呼ばれているが，プラズマが円筒軸方向に放出される機構を説明せよ．

4.6 座標系として，外部印加磁界 B_0 の方向を z 方向に選び，波数ベクトルは x-z 平面上にあるもの，すなわち，$\boldsymbol{k} = (k_x, k_z)$ としてアルフベン波に関する以下の問いに答えよ．
  (1) 式 (4.25) と (4.26) を成分に分けて計算し，六つの式を示せ．
  (2) 上で求めた式から分散式を計算すると，二つの解が存在することを証明せよ．
  (3) この二つの分散式を $\omega - k_z$ として図示し，その中の一方は式 (4.29) で表されるアルフベン波であることを確認せよ．

4.7 磁力線の凍結現象はどのような条件で起こるのか．また，それによって発生するプラズマの不安定性について例をあげて説明せよ．さらに，その凍結原理が破れる条件と，その結果として生じる現象にはどのようなものがあるのかについて説明せよ．

5 プラズマ生成の原理

すでに述べたように，プラズマは電子と正イオンのみからなる電離気体（完全電離プラズマ）であるが，多くの場合それ以外に中性の原子や分子を含み（低電離または弱電離プラズマ），互いが激しく衝突を繰り返している．

プラズマの発生の原点を観察すると，偶然発生したたった1個の電子が電界で加速され，中性原子・分子（以後，中性粒子という）と衝突して新たな電子とイオンのペアを作り，この電離現象が連鎖的に起きることにより膨大な数の電子，イオンを含むプラズマへと発展していく．

5.1 衝突断面積と平均自由行程

電子はどのくらいの頻度で中性粒子と衝突するであろうか．実験で確かめてみよう．

図 5.1 のように x 軸に沿って入射する電子流束が，断面積 σ の中性粒子が詰まった面積 A 幅 dx の微小体積部分を通過するときに衝突するものとする．入射電子流束 $\Gamma(=nv)$ のうち Γ' が衝突しないで通過するとする．微小体積 Adx 内における中性粒子の全断面積の A に対する割合は，中性粒子密度を n_n とすると，

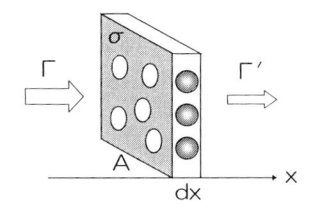

図 5.1 衝突のモデル

$$\frac{\sum \sigma}{A} = \frac{n_n A dx \sigma}{A} = n_n \sigma dx. \tag{5.1}$$

したがって，衝突しないで通過する電子流束 Γ' は $\Gamma' = \Gamma(1 - n_n \sigma dx)$．よって $d\Gamma \equiv \Gamma' - \Gamma = -n_n \Gamma dx$．

$$\therefore \quad d\Gamma/\Gamma = -n_n \sigma dx.$$

$x = 0$ で $\Gamma = \Gamma_0$ として積分すると

5.1 衝突断面積と平均自由行程

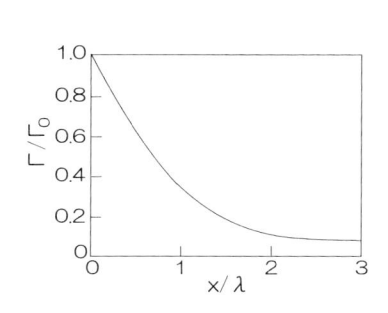

図 5.2 衝突しない確率

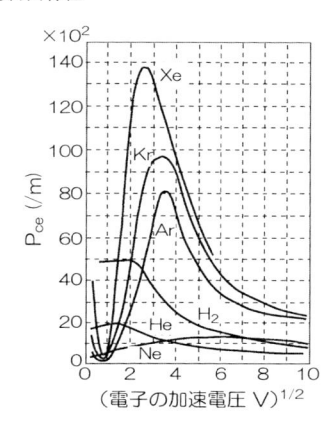

図 5.3 衝突の断面積
(電気学会編:「電離気体論」, p.22, 2.7図, 電気学会, 1969年より転載.)

$$\therefore \quad \Gamma = \Gamma_0 \exp(-n_n \sigma x).$$

さらに

$$\lambda = \frac{1}{n_n \sigma} \tag{5.2}$$

とおくと

$$\Gamma = \Gamma_0 \exp\left(-\frac{x}{\lambda}\right). \tag{5.3}$$

ここで，1.3.4項でも説明したが λ を電子と中性粒子の衝突の平均自由行程といい，また σ を衝突断面積という．

図 5.2 は距離 x/λ において，入射した粒子束が衝突をしないで通過する粒子束を示す．平均自由行程の2倍進むとほぼ90%の電子は中性粒子と衝突してしまうことがわかる．

また，速度 v で λ 進む時間は

$$\tau = \frac{\lambda}{v} = \frac{1}{n_n \sigma v} \tag{5.4}$$

であり，衝突時間という．

この逆数は，1秒間あたりの衝突数を表し，衝突周波数 ν といい，

$$\nu = \frac{1}{\tau} = n_n \sigma v \tag{5.5}$$

で表される．

入射電子の速度分布を考えると，すべての粒子の平均をとる必要がある．

ここで，電子の3次元速度空間での速度分布をマクスウェル速度分布とすると，

$$f(v) = n_e \left(\frac{m}{2\pi\kappa T}\right)^{\frac{3}{2}} \exp\left(-\frac{mv^2}{2\kappa T}\right). \tag{5.6}$$

よって，衝突周波数は次式で表される．

$$\nu = \iiint \sigma v f(v) dv_x dv_y dv_z = n_n \langle \sigma v \rangle.$$

$1/\lambda$ は 1 m あたりの衝突の回数である．133 Pa ($=$ 1 Torr) における電子と中性粒子との衝突頻度 $P_{ce}(=1/\lambda=n_n\sigma)$ を図 5.3 に示す．P_{ce} は中性粒子の種類と入射電子エネルギーによって大きく依存する．特に 1 eV 程度の電子はほとんど衝突しない．これをラムザー効果といい，電子の波動性に起因する．

衝突断面積はしばしばボーア半径 a_0 の円の面積 $S_0 = \pi a_0^2$ を単位とすることもある．

5.2 励起と電離

電子がある確率で中性粒子と衝突することがわかったが，この衝突によって電子は中性粒子にどのくらいのエネルギーを与えるであろうか．衝突には以下の2種類がある．

弾性衝突： 中性粒子 (原子・分子) の内部エネルギーの変化 (電子状態の変化) を伴わない．運動エネルギーのみが変化する．

非弾性衝突： 中性粒子 (原子・分子) の内部エネルギーの変化 (電子状態の変化) を伴う．運動エネルギーも変化する．

5.2.1 弾性衝突

電子と中性粒子が正面衝突したときに，中性粒子が受け取るエネルギーを見積もってみよう．

速度 v_0 で入射する電子はその運動エネルギーの一部を中性粒子に与える．図 5.4 のように質量 m_n の中性粒子は最初静止しているものとする．衝突後の電子の速度を v_1，中性粒子の速度を v_n とすると，エネルギー保存則より

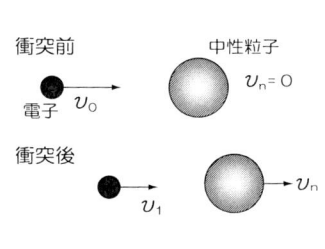

図 5.4 弾性衝突

$$\frac{1}{2}m_e v_0^2 = \frac{1}{2}m_e v_1^2 + \frac{1}{2}m_n v_n^2. \tag{5.7}$$

運動量保存則より

$$m_e v_0 = m_e v_1 + m_n v_n. \tag{5.8}$$

v_1 を消去すると衝突後の中性粒子の運動エネルギーは

$$W_n = \frac{1}{2}m_n v_n^2 = \frac{4m_e m_n}{(m_e + m_n)^2} W_e = \mathrm{K} W_e. \tag{5.9}$$

ここで，$W_e = \frac{1}{2}m_e v_0^2$ は入射電子の運動エネルギーである．また，

$$\mathrm{K} = \frac{4m_e m_n}{(m_e + m_n)^2} \tag{5.10}$$

は弾性衝突の損失係数 (loss factor) という．

一般には $m_e \ll m_n$ なので，

$$\mathrm{K} = \frac{4m_e}{m_n} \ll 1 \tag{5.11}$$

となって，中性粒子はほとんど運動エネルギーを受け取らない．

一方，電子の代わりにイオンと中性粒子との衝突を考えれば $m_e \to m_i$ と置き換えると，$\mathrm{K} = 1$ となって，イオンの運動エネルギーが中性原子に移動する．一般には電子は斜めから衝突することもあるので，電子の速度分布関数を考慮してこれらをすべて平均する必要がある．

5.2.2　非弾性衝突

電子との衝突によって，図 5.5 に示すように中性粒子の内部エネルギー U の変化を伴うとすると，エネルギー保存則より

$$\frac{1}{2}m_e v_0^2 = \frac{1}{2}m_e v_1^2 + \frac{1}{2}m_n v_n^2 + U. \tag{5.12}$$

運動量保存則より

$$m_e v_0 = m_e v_1 + m_n v_n. \tag{5.13}$$

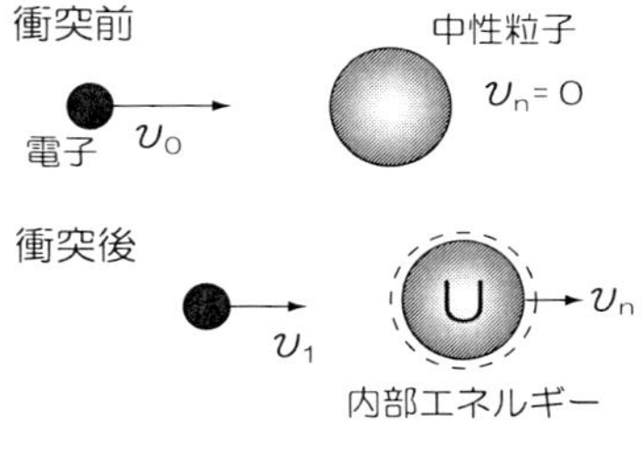

図 5.5　非弾性衝突

v_n を消去し，$U = f(v_1)$ とすると，$v_1 = (m_e/(m_e + m_n))v_0$ のとき U は最大値 U_m をとる．いま，$U_m = K_i W_e$ とすると

$$K_i = \frac{m_n}{m_e + m_n}. \tag{5.14}$$

ここで K_i は非弾性衝突の損失係数である．

一般に $m_e \ll m_n$ なので，$K_i \sim 1$ となって，中性粒子は電子の運動エネルギーのほとんどを内部エネルギーの変化として受け取ることができる．

一方，$m_e \to m_n$ と置き換えれば $K_i \sim 1/2$ となる．

5.2.3 原子の内部エネルギー状態

原子は原子核とそのまわりを回っている電子からなる．通常電子は低いエネルギー準位から順番に詰まって，図 5.6(a) の安定な基底状態にある．しかし，電子衝突などによって外部からエネルギーをもらうと，さらにエネルギーの高い準位に移る．これを励起状態 (b) という．さらにエネルギーをもらうと，電子はついに原子から離脱する (c)．このエネルギーを電離エネルギーまたは電離電圧といい，原子は正の電荷を持つ正イオンと電子に分離される．これを電離状態という．

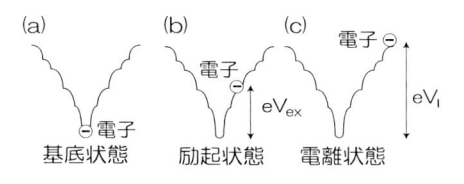

図 5.6 励起と電離

もし，$U_m >$ 励起エネルギー (eV_{ex}) ならば励起が起こる．

また，$U_m >$ 電離エネルギー (eV_I) ならば電離が起こる．

励起準位のエネルギー状態は一般に不安定で直ちに基底準位に戻る．このとき光の放出を伴う場合が多い．発光スペクトルを測定することにより励起状態を診断できる．比較的安定な準位を準安定準位と呼び，原子は長時間励起状態にあるため，放電の維持や性質に少なからず影響を与える．

表 5.1 電離電圧と励起電圧

原子	電離電圧 (V)	最低励起電圧 (V)	主要準安定準位電圧 (V)
H	13.59	10.16	-
He	24.58	19.81	20.62; 20.96
Ne	21.56	16.53	16.62; 16.72
Ar	15.76	11.62	11.53; 11.72
Kr	13.99	9.98	9.52; 10.51
Xe	12.13	8.39	8.28; 9.4
Li	5.39	1.845	-
Na	5.14	2.11	-
K	4.31	1.61	-
Cs	3.89	1.38	-
N	14.54	2.38	-
O	13.61	1.97	-
Hg	10.43	4.89	4.67; 5.47

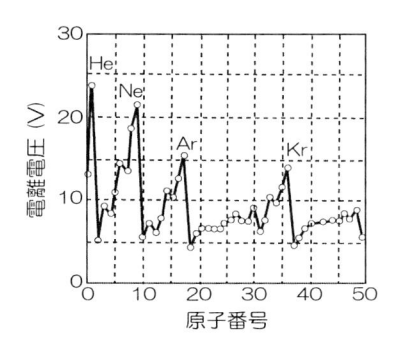

図 5.7 各原子の電離電圧
(八田吉典：「気体放電」, p.42, 図 3.6, 近代科学社, 1968 年より転載.)

典型的な原子の電離電圧と最低励起準位の電圧値を表 5.1 に示す．各原子の電離電圧を原子番号順に並べると図 5.7 のようになる．原子番号を増加していくと電離電圧は周期的に増減を繰り返していることがわかる．これは最外殻のエネルギー準位がすべて満たされている（閉殻）かどうかに起因する．電離電圧の低い Li，Na，K などの原子はアルカリ金属という．He，Ne，Ar などは希ガスといい閉殻状態にあり，高い電離電圧を持つ．

5.3 放電開始条件

極地の夜空を飾るオーロラは太陽から降り注ぐ高エネルギー電子による大気の放電現象である (図 5.8)．

放電はどのようにして開始し，発展していくのだろうか．

今簡単のために図 5.9 のように二つの電極（陽極（アノード）と陰極（カソード））を平行に距離 d だけ離して設置した装置を用意して，気体を封入して圧力を p とし，陰極に対して陽極に正の電圧 V を印加する．宇宙線や放射線などによって偶然発生した 1 個の電子は電界 $E = V/d$ で加速され，中性ガスの原子と衝突して電離する．

タウンゼント (J. Townsend, 1868〜1957) は以下の理論を考えた．

図 5.8 オーロラの放電

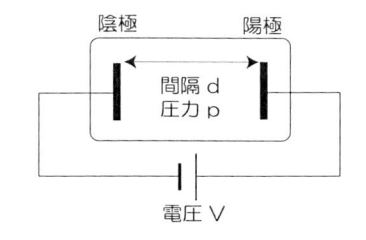

図 5.9 直流放電装置

a. α 作用

電子が 1 m 進む間に行う電離の回数（統計的な数）を α 回とし，α を電子の衝突電離係数という．この現象を α 作用という．

n 個の電子が dx 進む間に増加する電子の数は $dn = \alpha n dx$ となる．したがって，

$$\frac{dn}{n} = \alpha dx, \quad \therefore \ n = n_0 \exp(\alpha x). \tag{5.15}$$

ただし，$x = 0$ で $n = n_0$ として積分した．この式より，電子数は距離とともに

指数関数的に増大していくことがわかる.

図 5.10 にいろいろな気体の α/p の値の電界 E/p に対する依存性を示す.α は電界 E とともに増大するが,次第に飽和してくることがわかる.

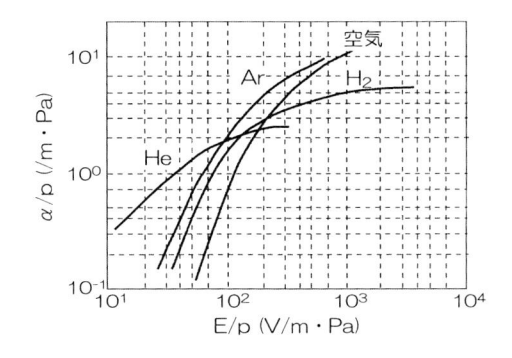

図 5.10 α/p と E/p の関係
(電気学会編:「電離気体論」,p.88, 第 3.4 図, 電気学会, 1969 年より転載.)

b. β 作 用

1 回の電離によって中性原子は電子と正イオンに分かれる.イオンは電子とは逆向きに陰極方向に加速され,運動エネルギーが増大する.

イオンが 1 m 進む間に行う電離の回数(統計的な数)を β 回とし,β をイオンの衝突電離係数という.この現象を β 作用という.マイナス方向に dx 進む間に増加するイオン数は $dn = -\beta n dx$.したがって,

$$n = N_0 \exp[\beta(d-x)].$$

ただし,$x = d$ で $n = N_0$ とした.

前節で考察したように,イオンと原子の衝突では主に原子の運動エネルギーが増加し,内部エネルギーの増加は少ない.多くの場合,イオンによる電離断面積は電子より小さいので,通常は無視できる.

c. γ 作 用

加速された質量の大きなイオンは陰極に衝突して陰極表面から 2 次電子を放出させる.陰極に衝突する 1 個の正イオンが,1 回あたりに放出する 2 次電子数を γ 個とする.この現象のことを γ 作用という.

2 次電子放出係数 γ は入射するイオンの種類とエネルギーに強く依存する.さらに γ は陰極材料によっても大きく変わる.図

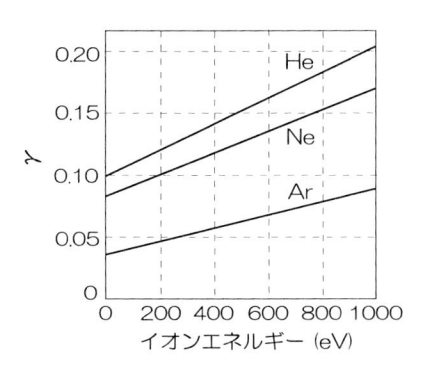

図 5.11 イオンエネルギーと γ

5.11 には Ni 表面に種々のイオンが入射したときの γ 値のイオンエネルギー依存性を示す．入射エネルギーが増すと γ も増大する．

d. 放電の開始

α 作用と γ 作用を考慮すると，最初陰極表面から放出された 1 個の電子は，陽極に向かって加速される間に次々と電離して電子を増殖し $\exp(\alpha d)$ 個になる．

ペアで生じた正イオン数は $\exp(\alpha d) - 1$ 個となり，陰極に向かって加速され，陰極表面で $\gamma\{\exp(\alpha d) - 1\}$ 個の電子を新たに放出させることになる．この $\gamma\{\exp(\alpha d) - 1\}$ 個の電子による電離によって新たにイオンが生成される．このイオンは陰極表面へ加速され，$\gamma^2\{\exp(\alpha d) - 1\}^2$ 個の電子をさらに放出させるので，総電子数は

$$1+\gamma\{\exp(\alpha d)-1\}+\gamma^2\{\exp(\alpha d)-1\}^2+\cdots = \frac{1}{1-\gamma\{\exp(\alpha d)-1\}}. \quad (5.16)$$

ただし，$\gamma\{\exp(\alpha d) - 1\} < 1$ とした．

電子数が無限に増殖する条件は分母 $= 1 - \gamma\{\exp(\alpha d) - 1\} = 0$．ゆえに

$$\alpha d = \ln\left(1+\frac{1}{\gamma}\right) \quad (5.17)$$

となる．これを放電開始条件という．この条件が満たされると，電極間に持続放電が起こる．この条件を与える電圧を放電開始電圧，または火花電圧という．

5.4 パッシェンの法則

放電の開始電圧 V_s は電極間距離 d，気体圧力 p，α や γ とどういう関係を持つであろうか．

先に述べたように，電子は中性原子と次々に衝突電離していくが，このときの衝突の平均自由行程 λ と電子数 n の関係は $\Gamma = nv$ と式 (5.3) から

$$\frac{n}{n_0} = \exp\left(-\frac{x}{\lambda}\right).$$

また $1/\lambda$ は 1 m 進む間の衝突の (確率的) 回数なので，

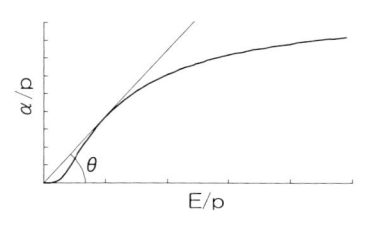

図 5.12 α/p と E/p の関係

$$\alpha = \frac{1}{\lambda}\frac{n}{n_0} = \frac{1}{\lambda}\exp\left(-\frac{V_I}{\lambda E}\right) \qquad (5.18)$$

と表せる．ここで V_I は電離電圧で，$xE = V_I$ とした．平均自由行程 λ は気体の圧力 p が増すと減少することから，$1/\lambda = Ap$（A は定数）とおくと

$$\frac{\alpha}{p} = A\exp\left(-\frac{B}{E/p}\right). \qquad (5.19)$$

ここで $B = AV_I$（定数）とした．この α/p と E/p の関係を図 5.12 に示す．また表 5.2 に各気体の A と B の測定値を示す．

図 5.12 に示すように原点から曲線に直線を引き，その交点を $(E/p, \alpha/p)$ とすると，その傾きは

$$\tan\theta = \frac{\alpha/p}{E/p} = \frac{\alpha}{E}. \qquad (5.20)$$

これは E が 1 m あたりの電位差を考えると，1 V あたりの電離の回数を示している．この直線が曲線と接する点は $\tan\theta$ が最大となる点であり，放電が最も効率的に行われる．

表 5.2 電離係数 A と B

気体	A (/m·Pa)	B (V/m·Pa)	E/p (V/m·Pa)
空気	11.0	275	113-451
N_2	9.3	257	113-451
H_2	3.8	98	113-301
Ar	10.2	177	75-451
He	2.1	26	15-113

式 (5.17) と式 (5.19) より α を消去すると

$$V_s = \frac{B}{\ln(pd) + C}pd \qquad (5.21)$$

が得られる．ここで，$E = V_s/d$，$C = \ln[A/\ln(1+1/\gamma)]$ とした．V_s と pd の関係をパッシェンの法則といい，式 (5.21) の曲線をパッシェン曲線と呼ぶ．

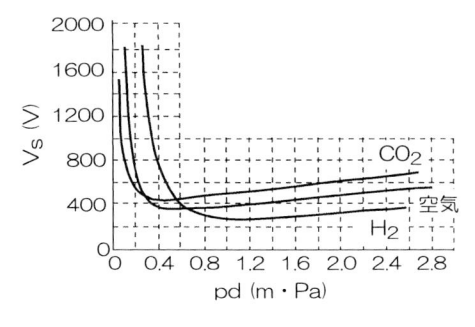

図 5.13 パッシェン曲線

電極材料，気体の種類が決まると A, B, C が決まるので，放電開始電圧 V_s は pd 積に依存することがわかる．図 5.13 に種々の気体のパッシェン曲線を示す．低圧力で実験と良く合うことが示されている．V_s は pd の変化に対して最小値 V_{sm} を持つ．

放電開始電圧の最小の点を与える $(pd)_{min}$ および V_{sm} の値は，曲線の微係数 = 0 から次のように求められる．

$$\begin{cases} (pd)_{\min} = \exp(1-C) \\ V_{\rm sm} = B\exp(1-C) \end{cases} \tag{5.22}$$

最小値 $V_{\rm sm}$ を与える $(pd)_{\min}$ を境に 2 つの領域を考える．$pd < (pd)_{\min}$ のとき，圧力が低いので衝突回数が減り，より加速することによって放電を開始させるために V_s は増加する．$pd > (pd)_{\min}$ のとき，圧力が高いので衝突が激しく加速されにくいので，さらに電界を強めて放電を開始するために V_s は増加する．

a. 相似律

パッシェンの法則は pd 積が同じなら，同じ放電開始電圧を与える．これを相似律という．いま図 5.14 に示すように放電管 1, 2 の電極間距離と圧力をそれぞれ L_1, p_1, L_2, p_2 とし，$p_2/p_1 = k$, $L_2/L_1 = 1/k$ とすると，同じ電極間電圧 $V_1 = V_2$ の元で $E_2/E_1 = k$ となるから

$$\frac{\alpha_1}{p_1} = A\exp\left(\frac{B}{\frac{E_1}{p_1}}\right) = A\exp\left(\frac{B}{\frac{E_2/k}{p_2/k}}\right)$$

$$= A\exp\left(\frac{B}{\frac{E_2}{p_2}}\right) = \frac{\alpha_2}{p_2}.$$

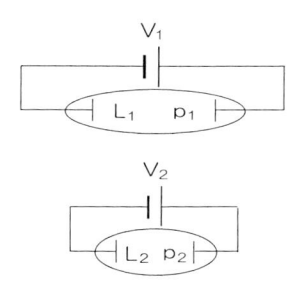

図 5.14　相似律

ゆえに $\alpha_1 = (p_1/p_2)\alpha_2 = \alpha_2/k$. このとき電極間に流れる電流は先の議論の結果より $\alpha_1 L_1 = (\alpha_2/k)(kL_2) = \alpha_2 L_2$ となり，下式のように同じ電流が流れる．

$$i_1 = \frac{i_0}{1-\gamma\{\exp(\alpha_1 L_1)-1\}} = \frac{i_0}{1-\gamma\{\exp(\alpha_2 L_2)-1\}} = i_2. \tag{5.23}$$

すなわち，電極間を短くしても圧力をその割合だけ上げれば，同じ電圧のとき同じ電流が流れ，同じ現象が再現する．

b. タウンゼントの理論の崩壊

上記の考えは pd 積が大きくなると実験から大きくずれてくる．

理由：　電圧を瞬間的に印加してから放電が開始するまでの時間を測定すると，10^{-7} 秒程度で放電が完了する．しかし，イオンの質量を考えると，これだけの時

間内に陰極に到達してγ作用で2次電子を放出させるには短すぎる．また，大気圧放電では電極材料にあまり依存しないで放電開始電圧が決まる．

これらの問題を解決するために考えられたのがストリーマ理論である．図5.15に示すように電界で加速された電子なだれが最初に起こり，背後に正イオンを含む筋状の空間電荷層ができる．ゆがめられた電界によりさらに小さな電子なだれが起こり，陽極に到達すると前面に生じた電界電離による高密度のプラズマが陽極から陰極に向かって走っていく[7]．この状態をストリーマといい，ストリーマが陰極に達すると多量の正イオンによるγ作用により電子が放出されて，火花放電が完了し，安定な放電へ移行する．

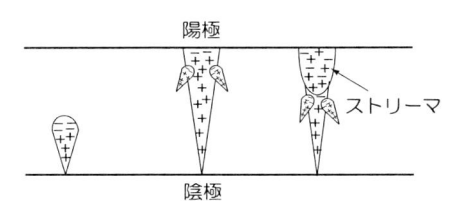

図 5.15　ストリーマ放電

5.5　コロナ放電・グロー放電・アーク放電

放電には表5.3に示すように圧力や印加する電界によって様々な形態がある．代表的な持続放電にはコロナ放電，グロー放電，アーク放電がある．放電の電流電圧特性を図5.16に示す．電圧とともに電流が増加するが，最初は明るくは見えない（AB間）．B点では陽極付近が明るく見えるが，陰極側は暗い．BC間では電流が急激に増加するとともに電圧は減少していく（負性抵抗）．

DE間の前期グローを経て，EF間の正規グロー放電となる．電圧はほぼ一定で電流が増加する．し

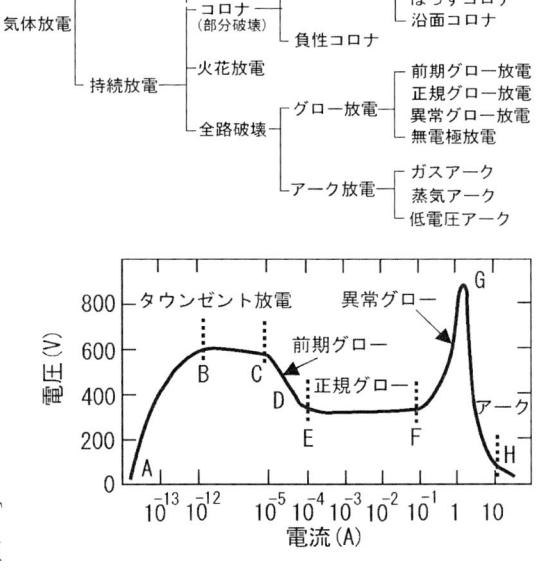

表 5.3　放電の分類

図 5.16　放電の電流電圧特性

かし，さらに電流を増すと電圧が上昇する異常グローとなる．さらに電流を上げると急激に電圧が下がり，アーク放電に移行する．

平板電極のように平等電界の場合は，非持続放電から直ちに全路破壊される持続放電のグロー放電，アーク放電に移行する．針先の放電のように不平等電界の場合は，持続放電として針先近傍で局所的に破壊されるコロナ放電がまず発生する．

5.5.1 コロナ放電

図 5.17 に示すように針と平板電極を対向させて電圧を印加すると，針の先端から部分的な破壊（コロナ）が発生する．同様な現象は同軸円筒電極の中心導体と外部円筒電極間に電圧を印加したときにも起こる．

同軸系におけるコロナ発生の条件として，コロナの発生によって半径方向の電位の傾きの最大値が減少することがあげられている．

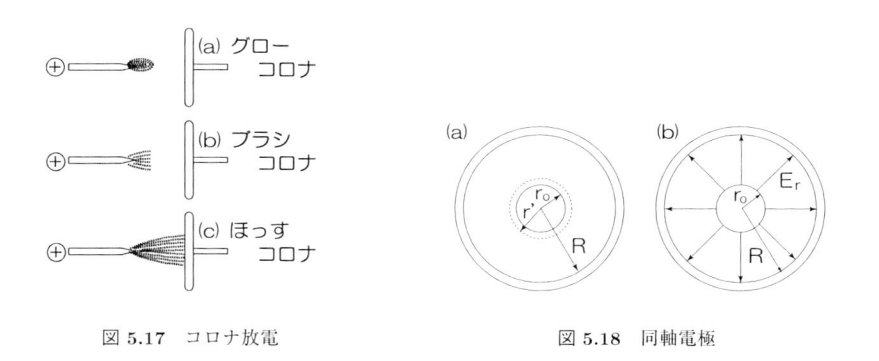

図 5.17 コロナ放電

図 5.18 同軸電極

今，図 5.18 のように内半径 r_0，外半径 R の同軸の放電電極を考える．電圧 V を印加すると，内部の電界分布は放電がない場合，

$$E = \frac{V}{r \ln \dfrac{R}{r_0}}$$

となり，図 5.18 に示すように放射状の不平等電界分布となる．いまコロナが電界最大の内電極近傍で起こり，等価的に内電極半径が r' のように広がったとすると，導電性のプラズマによりあたかも内部電極の半径が r' になったと考えることができる．このとき電極表面における電界が減れば放電が安定に維持できることになる．この条件として r_0 において $dE/dr < 0$ を満たせばよい．

$$\left.\frac{dE}{dr}\right|_{r_0} = -V\frac{\ln\frac{R}{r_0} - 1}{(r_0 \ln \frac{R}{r_0})^2} < 0.$$

したがって $\ln(R/r_0) > 1$, すなわち $R/r_0 > 2.72$ ならばコロナ放電が起こる可能性がある．これは実験的な結果とほぼ一致している．

コロナの形態は図 5.17 に示すように下記のものがある．

(1) グローコロナ： 針に 2 kV 程度印加すると針の先端が紫色にかすかに膜状に光り，オゾンの臭いを感じる．電流は μA 程度である．
(2) ブラシコロナ： 電極間を広げると，発光部がシュシュと音を立て伸びたり縮んだりする．電流は 10 μA 程度である．
(3) ほっすコロナ： さらに電圧を上げると光路がつながり，明滅を繰り返す．ストリーマコロナともいう．

5.5.2　グロー放電

さらに電圧を上げていくと全路破壊が起こりグロー放電に移行する．陰極の一部が放電で覆われているのが正規グローで，電流を増しても電圧は変化しない．陰極全体に放電が広がると電流とともに電圧も増加し，異常グローの領域に入る．

グロー放電における内部諸量の分布を図 5.19 に示す．

(1) アストン暗部： 陰極からの 2 次電子のエネルギーが低く励起電圧に達してない．
(2) 陰極層： 励起電圧まで加速され発光するようになる．励起電圧の低い順番にスペクトル線が現れる．
(3) 陰極暗部： 加速エネルギーが増し，励起の効率が下がり発光が弱まる．
(4) 負グロー： 放電が激しく起きていて発光も強い．γ 作用を行うイオンの生成は主にこの部分である．
(5) ファラデー暗部： 電離によって電子のエネルギーは弱まり，発光も再び弱くなる．
(6) 陽光柱： ほぼ電荷密度 $= 0$ となり，プラズマ領域である．陽極へ向かう緩やかな電位勾配をもち，発光や電離がある．各種気体の陰極層，負グロー，および陽光柱の発光色を表 5.4 に示す．
(7) 陰極降下部： 陰極前面の電位勾配の大きいシース領域である．陰極から出た電子が負グロー領域へ加速される領域で，厚さは圧力が増すと狭くなる．陰極面へ向かう高速のイオン流が存在する．

5.6 両極性拡散   77

図 5.19 の左側:
陰極層　負グロー　陽光柱　陽極グロー
アストン暗部　陰極暗部　ファラデー暗部　陽極暗部

光
電界
電位
電荷密度
距離

表 5.4 放電の発光色

気体	陰極層	負グロー	陽光柱
He	赤	ピンク	赤～紫
Ne	黄	橙	赤茶
Ar	ピンク	暗青	暗赤
Kr	-	緑	青紫
Xe	-	橙緑	白緑
Ne	黄	橙	赤茶
H_2	赤茶	薄青	ピンク
N_2	ピンク	青	赤
O_2	赤	黄白	赤黄
空気	ピンク	青	赤

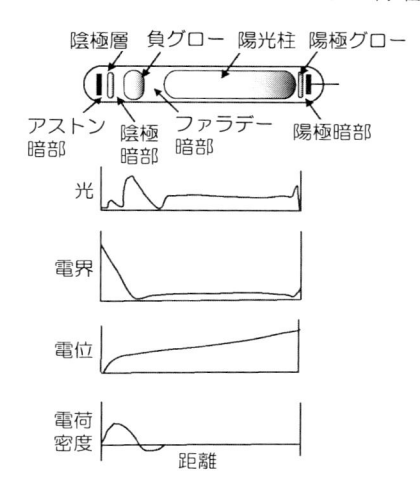

図 5.19 グロー放電の空間分布

5.5.3 アーク放電

アーク放電の性質として以下の特徴がある．

(1) カソードが加熱され，熱電子放出が γ 作用を上回る．
(2) 放電維持電圧がグロー放電の 1/10 程度，またはそれ以下である．
(3) 電流は 1 A 以上にもなる．
(4) 発光が強い．

アーク放電中の電位分布を図 5.20 に示す．グロー放電とよく似て，低い陰極降下と陽極降下

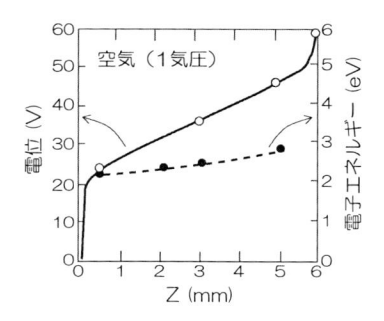

図 5.20 アーク放電の電位分布

がある．中間の部分はアーク柱といい，空間電荷密度はほぼ 0 となる．電子温度（エネルギー）は 2～3 eV である．

5.6　両極性拡散

放電管内におけるグロー放電やアーク放電では，陰極降下部を除くほとんどの領域が電位勾配が緩やかで電荷密度〜0（電気的中性）の陽光柱と呼ばれるプラズ

マで満たされている．弱電離プラズマでは，電子やイオンに比べ中性粒子を多く含むので，荷電粒子と中性粒子との衝突が重要になる．このようなプラズマはどのように容器内を運動していくのだろうか．

5.6.1 拡散と移動度

電子やイオンの中性粒子との衝突を含む運動方程式は

$$m_j n_j \frac{d\bm{u}_j}{dt} = q_j n_j \bm{E} - \nabla p_j - m_j n_j \nu_j \bm{u}_j. \tag{5.24}$$

ここで $j=e$ は電子，$j=i$ は正イオンを表す．ν_j は中性粒子との衝突周波数である．定常状態では左辺=0，圧力は $p_j = n_j \kappa T_j$ と表せるので速度は

$$\bm{u}_j = \frac{1}{m_j n_j \nu_j}(n_j q_j \bm{E} - \nabla p_j) = \frac{q_j}{m_j \nu_j}\bm{E} - \left(\frac{\kappa T_j}{m_j \nu_j}\right)\frac{\nabla n_j}{n_j}. \tag{5.25}$$

ここで

$$\mu_j = \frac{|q_j|}{m_j \nu_j} \tag{5.26}$$

を移動度といい，

$$D_j = \frac{\kappa T_j}{m_j \nu_j} \tag{5.27}$$

を拡散係数という．

これより，アインシュタインの関係式

$$\frac{\mu_j}{D_j} = \frac{|q_j|}{\kappa T_j}$$

が得られる．

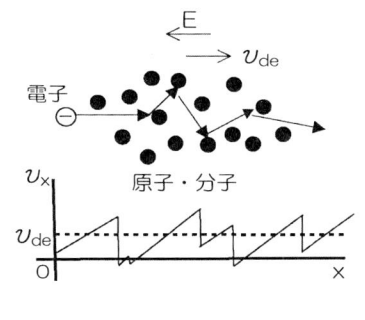

図 5.21 移動度

$\bm{E}=0$ のとき $\bm{\Gamma}=n\bm{u}=-D\nabla n$ となって中性気体の拡散を表す（Fick's law）．プラズマ中では $n_e=n_i=n$ なので電子の流束は $\bm{\Gamma}_e = -\mu_e n \bm{E} - D_e \nabla n$，イオンの流束は $\bm{\Gamma}_i = \mu_i n \bm{E} - D_i \nabla n$ となる．

5.6.2 両極性拡散

プラズマ中では「電子の流束＝イオンの流束」となるように電子とイオンは動くので

$$\Gamma = \Gamma_e = \Gamma_i.$$

したがって，$\Gamma = -\mu_e n \bm{E} - D_e \nabla n = \mu_i n \bm{E} - D_i \nabla n$

$$\therefore \quad \bm{E} = \frac{D_i - D_e}{\mu_e + \mu_i}\frac{\nabla n}{n}. \tag{5.28}$$

中央部で生成されたプラズマは，図 5.22 のように電子がイオンより早く拡散 ($D_e > D_i$) するので，前方に − の電荷が進み，後方に + の電荷が残される．このため，前方の電位が下がり，$n_e = n_i$, $\Gamma_e = \Gamma_i$ にもかかわらず外向きの電界が発生する．この電界を両極性電界という．したがって流束 Γ は次式となる．

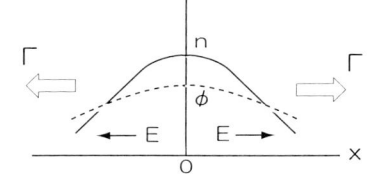

図 5.22 両極性拡散

$$\Gamma = -\frac{\mu_i D_e + \mu_e D_i}{\mu_e + \mu_i}\nabla n \equiv -D_a \nabla n. \tag{5.29}$$

ここで D_a を両極性拡散係数という．

(1) $\mu_e \gg \mu_i$ のときアインシュタインの関係より

$$D_a \simeq \left(1 + \frac{T_e}{T_i}\right) D_i \tag{5.30}$$

(2) $T_e \sim T_i$ のとき

$$D_a \simeq 2 D_i \tag{5.31}$$

となる．

いずれの場合もプラズマは遅いイオンの拡散よりも速く，速い電子の拡散速度よりも遅い中間の速度で集団として拡散していく．

5.6.3 拡散によるプラズマの時間空間変化

プラズマは容器内にどのように分布するであろうか．時間的にどのように消滅していくのだろうか．定常状態ではプラズマはどのような機構で維持されているのだろうか．ここではプラズマの時間空間変化を調べてみよう．

一般に連続の式

$$\frac{\partial n}{\partial t} + \nabla \cdot (n\boldsymbol{u}) = Q \tag{5.32}$$

において，右辺 Q は生成項であり，プラズマ密度の時間的生成率や消滅率を表す．

(1) $Q > 0$ のときプラズマ生成 (電離) がある．
(2) $Q < 0$ のときプラズマの消滅 (再結合) がある．
(3) $Q = 0$ のときプラズマは拡散で失われる．

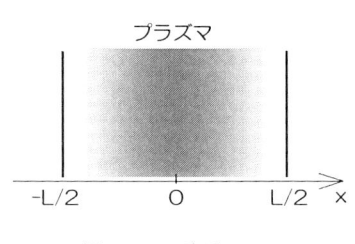

図 5.23　1 次元モデル　　　　　図 5.24　コサイン分布

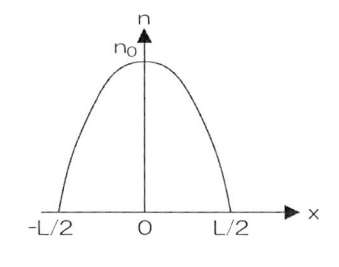

CASE 1： 定常状態の空間分布

プラズマが定常に生成されているとき ($Q > 0$)，密度分布はどうなるか調べてみよう．簡単のために図 5.23 に示すように，プラズマが間隔 L の平行平板で囲まれた空間で生成されているものとする．

式 (5.32) で電離周波数を ν_I とすると $Q = n\nu_I$，また $\Gamma = n\boldsymbol{u} = -D_a\nabla n$，定常状態では時間微分 $= 0$ より

$$\nabla^2 n = \frac{d^2 n}{dx^2} = -\frac{\nu_I}{D_a}n. \tag{5.33}$$

境界条件として $x = \pm L/2$ で $n = 0$，$x = 0$ で $n = n_0$ として式 (5.33) を解くと

$$n(x) = n_0 \cos\left(\sqrt{\frac{\nu_I}{D_a}}x\right) \tag{5.34}$$

が得られる．ここで，電離周波数 ν_I と両極性拡散係数 D_a の間には

$$\frac{\nu_I}{D_a} = \left(\frac{\pi}{L}\right)^2 \tag{5.35}$$

の関係がある．定常状態では，放電による生成と拡散による損失が釣り合って，時間的に変化のないコサイン分布となることがわかる．

CASE 2： プラズマの生成を止めたとき（$Q = 0$：電源 **OFF**）

粒子は時間とともに拡散で逃げていき，密度は減少していく．連続の式より次の拡散方程式を得る．

$$\frac{\partial n}{\partial t} = D_a \nabla^2 \boldsymbol{n}. \tag{5.36}$$

いま $n(x,t) = T(t)S(x)$ と変数分離し，定数 τ を導入すると

$$\frac{1}{T}\frac{\partial T}{\partial t} = D_a \frac{\nabla^2 S}{S} \equiv -\frac{1}{\tau}. \qquad (5.37)$$

時間変化は

$$\frac{1}{T}\frac{\partial T}{\partial t} = -\frac{1}{\tau}, \quad \therefore \quad T(t) = \exp\left(-\frac{t}{\tau}\right).$$

ここで，初期条件として $t=0$ のとき $T=1$ とした．これより密度は指数関数的に減少していくことがわかる．一方，空間変化は CASE 1 と同様に

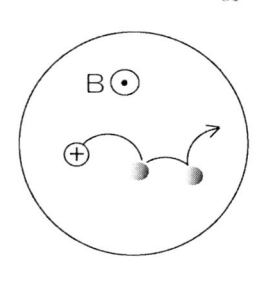

図 5.25 磁界を横切るイオン

$$S(x) = n_0 \cos\left(\frac{x}{\sqrt{\tau D_a}}\right) = n_0 \cos\frac{\pi}{L}x.$$

ここで，境界条件として $x = \pm L/2$ で $S = 0$，$x = 0$ で $n = n_0$ とした．したがって，密度の時間空間変化は式 (5.38) となる．

$$n(x,t) = n_0 \cos\frac{\pi}{L}x \exp\left(-\frac{t}{\tau}\right). \qquad (5.38)$$

ここで τ は密度が $1/e$ になる時間で拡散時間といい，次式で表される

$$\tau = \frac{1}{D_a}\left(\frac{L}{\pi}\right)^2. \qquad (5.39)$$

両極性拡散係数 D_a が大きいほど，また幅 L が狭いほど，短時間にプラズマ密度は減少していくことがわかる．また式 (5.35) より $\nu_I = 1/\tau$ の釣り合いの関係にあることがわかる．

5.6.4 磁界を横切る拡散

プラズマの損失を抑えるにはどうしたらよいだろうか．磁界はプラズマの拡散にどのような役割をもっているのだろうか．一様磁界中におけるプラズマの振舞いは以下の運動方程式で調べることができる．

$$m_j n_j \frac{d\boldsymbol{u}_j}{dt} = q_j n_j (\boldsymbol{E} + \boldsymbol{u}_j \times \boldsymbol{B}) - \nabla p_j - m_j n_j \nu_j \boldsymbol{u}_j \qquad (5.40)$$

定常状態では 左辺 $= 0$ より

$$\boldsymbol{u}_j = \frac{q_j}{m_j \nu_j}(\boldsymbol{E} + \boldsymbol{u}_j \times \boldsymbol{B}) - \left(\frac{\kappa T_j}{m_j \nu_j}\right)\frac{\nabla n_j}{n_j} \qquad (5.41)$$

ここで,添字 j を省略し,$\boldsymbol{u} = (u_x, u_y, u_z)$, $\boldsymbol{B} = (0, 0, B)$ とし,定常状態の各成分を求めると

$$\begin{cases} mn\nu u_x = qnE_x - \kappa T \dfrac{\partial n}{\partial x} + qnu_y B, \\ mn\nu u_y = qnE_y - \kappa T \dfrac{\partial n}{\partial y} - qnu_x B, \quad (5.42) \\ mn\nu u_z = qnE_z - \kappa T \dfrac{\partial n}{\partial z}. \end{cases}$$

第3式は磁界なしと同じなので,磁界に平行方向(z方向)の拡散は前節と同じ結果となる.磁界に垂直方向の拡散を求めると

$$\boldsymbol{u}_\perp = \pm\mu_\perp \boldsymbol{E}_\perp - \boldsymbol{D}_\perp \frac{\nabla_\perp n}{n} + \frac{\boldsymbol{u}_E + \boldsymbol{u}_D}{1 + \left(\dfrac{\nu}{\omega_c}\right)^2} \quad (5.43)$$

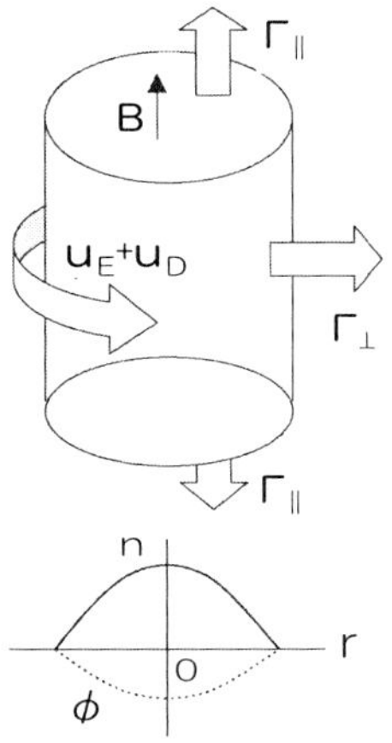

図 **5.26** 磁界を横切る拡散

ここで,$+$ はイオン,$-$ は電子を表す.$\boldsymbol{u}_\perp = (u_x, u_y)$,$\boldsymbol{E}_\perp = (E_x, E_y)$ である.また,

$$\mu_\perp = \frac{\mu_\|}{1 + \omega_c^2 \tau^2}, \qquad D_\perp = \frac{D_\|}{1 + \omega_c^2 \tau^2}. \quad (5.44)$$

$\mu_\perp$ は磁界に垂直方向の移動度,$D_\perp$ は磁界に垂直方向の拡散係数を表す.$\mu_\|$ と $D_\|$ はそれぞれ磁界に平行方向の移動度と拡散係数で,前節で求めたものと等しい.$\omega_c = eB/m$ はサイクロトロン周波数である.

$$\boldsymbol{u}_E = \frac{\boldsymbol{E} \times \boldsymbol{B}}{B^2}, \qquad \boldsymbol{u}_D = -\frac{\nabla p \times \boldsymbol{B}}{enB^2} \quad (5.45)$$

はそれぞれ $E \times B$ ドリフトと圧力(密度)勾配による反磁性ドリフトを表す.

図 5.26 のような円柱プラズマの場合,ラーマー半径の大きなイオンは外側に損失しやすい.このため,半径方向の電位は外側ほど高くなり,中心を向く電界 $\boldsymbol{E}_\perp$ が発生する.この電界による $E \times B$ ドリフト $\boldsymbol{u}_E$ は図 5.26 のように円周向きとなる.半径方向の圧力勾配によるドリフト $\boldsymbol{u}_D$ も円周方向なので,式 (5.43) の右辺第 3 項は半径(r)方向の損失には効かない.$B \to \infty$ の極限では $\mu_\perp \to 0$,$D_\perp \to 0$ となって,磁界を横切って半径方向へ逃げていくプラズマの拡散は抑制されることがわかる.

実際のプラズマ中には密度などの揺動があるため,磁界による閉じ込め効果が劣化することが知られている.その代表例であるボーム拡散の拡散係数は $D_{\text{Bohm}} \approx \kappa T_e / 16eB$ の実験式で与えられている.

演 習 問 題

5.1 図 5.3 の 133 Pa のアルゴン (Ar) のデータを使い，以下の問いに答えよ．
  (1) 1eV で加速された電子とアルゴンの衝突の平均自由行程 λ はいくらか．
  (2) このときの衝突の断面積 σ はいくらか．
  (3) このときの衝突周波数 ν はいくらか．

5.2 パッシェンの法則で放電開始電圧 V_s の最小値を与える $(pd)_{\min}$ のとき，図 5.12 に示す原点から引いた直線が曲線と接することを示せ．

5.3 電子とイオンが再結合して中性化される場合，再結合はお互いの密度に依存するので再結合係数を η とすると $Q = -\eta n^2$ と表せる．いまプラズマが再結合だけで失われるとき，密度の時間変化が $n(t) = n_0/(1 + n_0 \eta t)$ となることを示せ．

5.4 xy 平面内で 1 辺の長さが L の正方形の断面をもち，z 方向に無限に長い管の中でプラズマを生成する．電離周波数を ν_I とする．
  (1) 定常状態におけるプラズマの空間分布を求めよ．
  (2) 定常状態のときの ν_I と両極性拡散係数との比を求め，1 次元の場合と比較せよ．
  (3) $t = 0$ で放電を停止した．プラズマの拡散時間を求めよ．また，1 次元の場合と比較せよ．

5.5 半径 a の円筒内でプラズマを生成した．電離周波数を ν_I とする．
  (1) 定常状態におけるプラズマ密度の空間分布が
  $$n(r) = n_0 J_0 \left(\frac{2.4}{a} r \right)$$
  となることを示せ．ここで J_0 は 0 次のベッセル関数である．
  (2) $t = 0$ で放電を停止した．拡散時間が $\tau = (a/2.4)^2/D_a$ となることを示せ．

5.6 z 方向の一様な磁界に垂直な x 方向の拡散について，以下の問いに答えよ．y 方向，z 方向については一様とする．
  (1) イオンと電子の x 方向への流束 Γ_{ex} と Γ_{ix} を等しいとおいて，x 方向に発生する電界 E_x を求め，向きを考察せよ．
  (2) x 方向の両極性拡散係数 D_{ax} を求めよ．

6 プラズマ生成法

　プラズマを生成するには気体の電離エネルギー以上のエネルギーを中性の原子や分子に外部から与える必要がある．

　エネルギーを与える方法には大きく分けて 2 通りある．一つは単に熱エネルギーとして与える方法，もう一つは電界によって電子を加速し，衝突によって与える方法である．後者の場合，加える電界の周波数によって種々の放電法が考案されている．図 6.1 にはプラズマ生成に通常使われる周波数帯域を示してある．直流から交流放電，高周波放電，マイクロ波放電，さらに周波数を上げて光の領域まで広い範囲にわたっている．用いる周波数や放電の方法によって様々な特徴のあるプラズマを生成することができる．

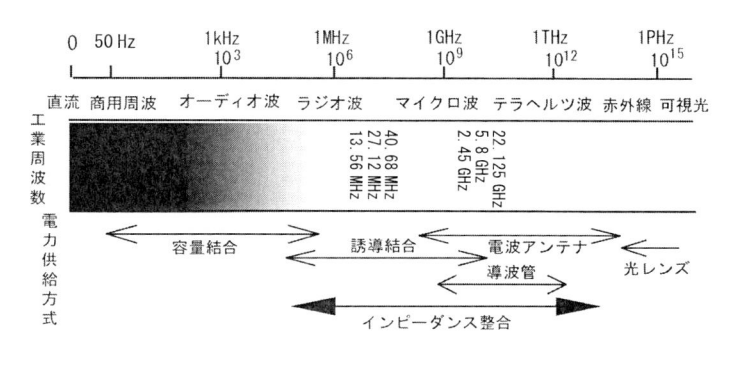

図 6.1　放電の周波数範囲

6.1　熱電離・接触電離によるプラズマ生成

　ろうそくの炎は明るく輝き，暗闇の中で幻想的な雰囲気を醸し出す．この炎に電極を近づけ電圧を印加すると，炎は変形して電圧を感じていることがわかる．実は炎はわずかに電離していてプラズマ状態となっている．このように，気体が

6.1 熱電離・接触電離によるプラズマ生成

ある圧力の下で加熱され，熱平衡状態になっているとき，気体は少なからず電離している．この電離の程度を表したのがサハの式である．

いま気体の電離度をイオン化したイオン密度 n_i とそれ以外の中性原子密度 n_n を使って $\zeta = n_i/(n_i + n_n)$ と定義すると

$$\frac{\zeta^2}{1-\zeta^2} = \left(\frac{2\pi m}{h^2}\right)^{3/2} \frac{(\kappa T)^{5/2}}{p} \exp\left(-\frac{eV_I}{\kappa T}\right) \quad (6.1)$$

となる．ここで h はプランク定数，T は気体の絶対温度，$p = (n_n + n_i + n_e)\kappa T$ は気体の全圧力である．V_I は気体の電離電圧（エネルギー）を表す．

図 6.2 に圧力 133 Pa のときの気体の電離度 ζ を示す．アルカリ金属の中でも電離電圧の低いセシウム C_s は最も高い電離度を示す．たとえば，セシウムの場合，$p = 0.133$ Pa, $T = 300$ K のとき $\zeta \approx 0.85$ となって，高い電離度をもつプラズマが生成される．

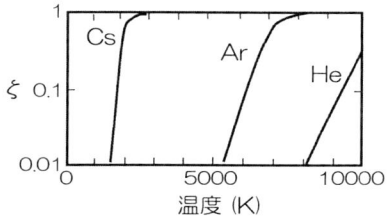

図 6.2 電離度の温度依存性

a. 接触電離

仕事関数の大きなタングステンなどの金属表面に電離エネルギーの小さなカリウムなどのアルカリ金属原子が衝突すると，原子の最外殻電子が金属に奪われ原子は正イオンとなる．この現象は接触電離と呼ばれる（図 6.3）．

この現象を利用し，高温に加熱されたホットプレート金属表面からの熱電子放出と組み合わせたのが Q マシーン（図 6.4）であり，電子温度とイオン温度がともに 0.1～0.2 eV 程度の低温プラズマの生成が可能となる．外部から電界を与えることなく低温プラズマができるので基礎実験に用いられる．

接触電離は負イオン生成にも使われる．真空容器の内壁をセシウムなどの低電離電圧アルカリ金属膜で覆い水素プラズマを生成すると，電離電圧の高い水素原

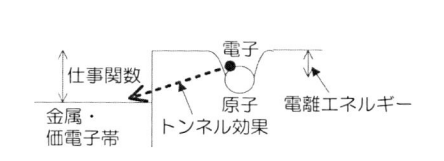

図 6.3 接触電離のモデル

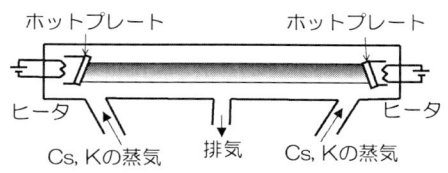

図 6.4 Q マシーンプラズマ源

子がセシウムから電子を奪い，水素負イオンが生成される．核融合炉加熱用負イオン源として使われている．

負イオンプラズマはQマシーンでも生成できる．電子親和力の大きなSF_6ガスを高温のホットプレートに吹き付けると，放出された熱電子がSF_6に付着してSF_6^-イオンを生成する．同時にアルカリ金属蒸気を吹き付けるとアルカリ正イオンもできるので，電子をほとんど含まない正イオン負イオンプラズマが生成される．

b． プラズマエミッタ

熱電子放出と熱イオン放出を同一面上で行うプラズマエミッタ法も開発された．電子とイオンがエミッタ表面前面で混合され，静かな低温プラズマが形成される．熱電子放出源としてはバリウム酸化物，熱イオン放出源としてはアルミノシリケート（アルカリ金属K^+イオンなどを放出）が用いられ，両者の混合比によって，プラズマ放出面の電位（プラズマ電位）を制御することが可能となる．

6.2 直流放電プラズマ源

6.2.1 平行平板型プラズマ源

気体を封入した容器内の陽極を接地し，陰極に負の直流電圧$-V_d$を印加すると，直流グロー放電が発生する（図6.5）．図5.19のように空間構造は単純ではないが，大きく分けて陰極降下部と陽光柱に分けられる．陰極降下部の電界は直線的に変化する（図5.19）ことから，電界Eと電位ϕは

$$\begin{cases} E = -2\dfrac{V_d}{d_c^2}(d_c - x) \\ \phi = -\dfrac{V_d}{d_c^2}(d_c - x)^2 \end{cases} \quad (6.2)$$

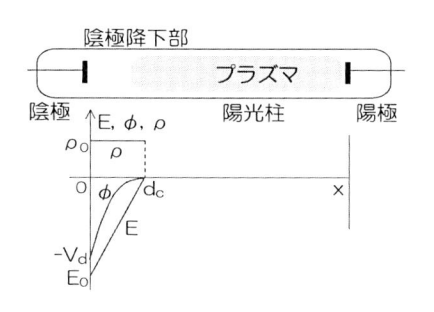

図 **6.5** 直流放電プラズマモデル

と近似的に表される．ここでd_cは陰極降下部の幅である．ポアソンの式$\rho = \epsilon_0 \nabla E$より電荷密度は

$$\rho = e(n_i - n_e) = 2\frac{\epsilon_0 V_d}{d_c^2} > 0 \text{（一定）} \quad (6.3)$$

となる．$n_i > n_e$ となって，陰極降下部には正電荷のイオンシースが形成される．一方，陽光柱では $E \approx 0$，$\phi \approx 0$，$\rho \approx 0$ となる．

低周波数（50 Hz）の交流放電も電子やイオンは放電周期に比べて十分速く動けるので，直流放電とほぼ同様な性質を示す．

電子は中性ガスと衝突しながらどのくらいのエネルギーを直流電界から得ることができるだろうか．前章で述べたように電子の速度は移動度を用いて $u_e = -\mu_e E$ と表される．したがって，電界のする仕事率 dW/dt，すなわち電子の得るパワー P_e は

$$P_e = \frac{dW}{dt} = -n_e e E u_e = \frac{e^2 n_e E^2}{\nu_e m_e} \tag{6.4}$$

となる．これはジュール加熱と呼ばれる．

直流放電プラズマは取り扱いが単純であるが，冷陰極放電の場合，①陰極降下部で加速されたイオン衝撃による電極のスパッタリングが顕著であり，②印加された直流電力のかなりの部分が陰極加熱として使われる，③高密度プラズマを得ることが難しい，などの性質がある．

6.2.2 ホロー陰極放電プラズマ源

陰極降下部と陽光柱の境界には強い発光を伴う負グローが形成されるが，この負グローを平行平板，U 字管，円筒などで空洞（ホロー）化した陰極内に閉じ込め，高効率な放電を行うのがホロー陰極放電である．

図 6.6(a) に示すように円筒型ホロー陰極を用いると，γ 作用による放出電子が図 6.6(b) に示すように陰極内に形成された正の電位に閉じ込められ，損失が抑え

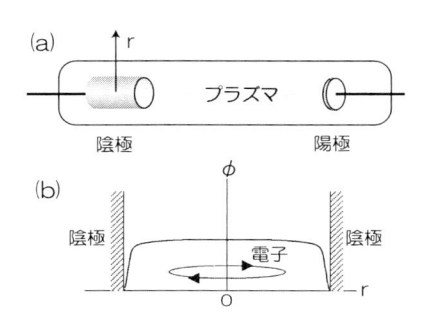

図 6.6 ホロー陰極内電位

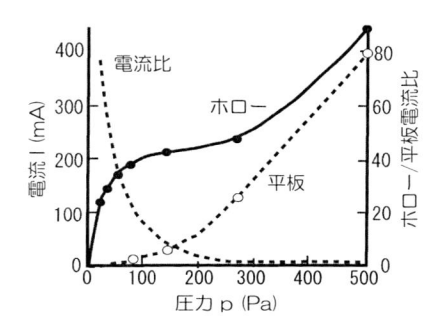

図 6.7 電流の圧力依存性

られ，長時間電離に寄与できるようになる．ホローの大きさや圧力を調整すると放電電流が著しく増加し，いわゆるホロー効果を生ずる．

図 6.7 は平板陰極とホロー陰極の放電電流の圧力依存性の比較を示す．400 Pa 以下になるとホロー陰極による放電電流が増加してくることがわかる．電子の閉じ込めが改善され放電が維持されやすくなるため，電子エネルギー分布は狭くなり，低電子温度プラズマが生成できる．放電維持電圧の低下も特徴であるが，陰極材料のスパッタによる原子スペクトルの強度の増加も見られる．

6.2.3 クロスフィールド放電プラズマ源

円筒状の陽極と円筒状の陰極を図のように一様な磁界に平行に並べて放電させると，電子は二つの陰極の間に静電的に閉じ込められるとともに，半径方向の電界 E_r と軸方向の磁界 B による $E_r \times B$ ドリフトを円周方向に引き起こし，効率的な放電ができる．ペニング (Pening) 放電とも呼ばれる．低圧力で動作し，0.133 Pa でおよそ $n_e \approx 10^{19}/\mathrm{m}^3$ のプラズマが得られる．電子は激しく運動するので，かなり雑音が多いとされる．

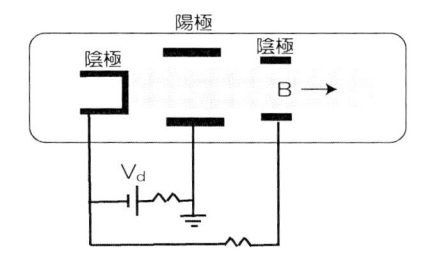

図 6.8 クロスフィールド放電

6.2.4 直流マグネトロン放電プラズマ源

磁界による閉じ込め効果を利用したのがマグネトロン放電である．磁力線は湾曲しており通常の $\boldsymbol{E} \times \boldsymbol{B}$ ドリフト以外に ∇B ドリフトが作用する．通常は図 6.9(a) のように中心に円筒状永久磁石，周辺に極性を逆にしたリング状永久磁石を配置して，半径方向を向く湾曲磁界を発生させる．

この上に円板陰極を置き，負電圧を印加して放電させると，生成されたプラズマは (a) に示すように湾曲した磁界の弱いリング磁界の中央部にリング状に分布する．湾曲した磁力線の磁石側は磁界強度が強いのでミラー磁界配位となって半径方向にプラズマを閉じ込める．陰極降下部の電界 E と磁力線の陰極に平行な B_r 成分によって $\boldsymbol{E} \times \boldsymbol{B}_r$ ドリフトと，上向きに磁界が弱くなることによる ∇B ドリフトによって，電子は長時間磁界中に閉じ込められ，効率よく高密度プラズマを生成する．

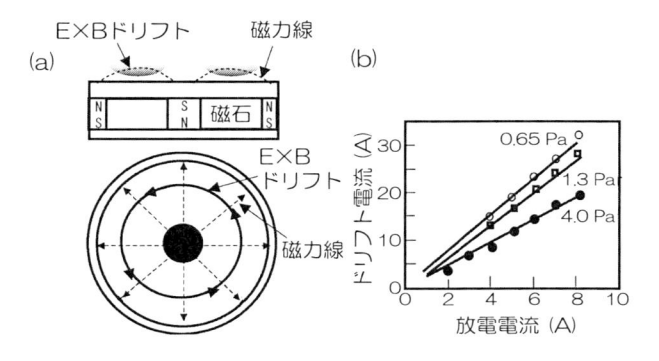

図 6.9 (a) マグネトロン放電磁界配位 (b) 電流依存性

円周方向に流れるドリフト電流と放電電流の関係を図 6.9(b) に示す．放電電流によってドリフト電流も増加し，閉じ込め効果が持続していることを示す．また，低圧力ほど閉じ込め効果が良いことがわかる．

6.3 高周波放電プラズマ源

kHz から 100 MHz 帯の放電を高周波（ラジオ波）放電という．周波数を増すと電子は十分に電界の変化に追随できるが，イオンは充分に追随できなくなる．図 6.10 に 1 気圧の空気の放電開始電圧の各周波数における電極間隔依存性を示す．周波数を増加すると放電開始電圧は低下することがわかる．

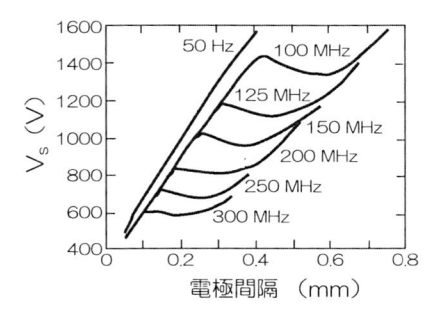

図 6.10 周波数依存性
(武田 進：「気体放電の基礎」, p.153, 図 7.2, 東明社, 1985 年より転載.)

どのくらいの周波数からイオンの閉じ込め効果が現れるだろうか．いま電界が $E(t) = E\sin\omega t$ とすると，イオンの運動方程式は

$$m_i \frac{d^2 x_i}{dt^2} = eE(t) - m_i \nu_i u_i \tag{6.5}$$

これを解くと，イオンの移動する距離 x_i は $\nu_i \gg \omega$ のとき

$$x_i = -\frac{eE}{m_i\nu_i\omega}\cos\omega t = -\frac{\mu_i E}{\omega}\cos\omega t. \tag{6.6}$$

ここで ν_i はイオンの中性粒子との衝突周波数，μ_i はイオンの移動度である．振幅の 2 倍が電極間距離 L より小さくなると，イオンは電極間に閉じ込められるようになる．したがって閾値周波数は下式で与えられる．

$$\frac{2\mu_i E}{\omega} < L, \quad \therefore \quad \omega > \frac{2\mu_i E}{L}. \tag{6.7}$$

イオンの正電荷によって電界が歪み，電子は損失されにくくなるので，これによっても放電開始電圧が低下する．

さらに高周波になると電子も電極間に閉じ込められるようになる．その閾値は同様に $\omega > 2\mu_e E/L$ となる．μ_e は電子の移動度である．γ 作用の効果は薄れ，α 作用による放電が主要となる．

高周波放電装置には電位勾配によって発生する電界（静電界）を用いる容量結合型と磁束の時間変化による電磁誘導によって発生する電界（誘導電界）を用いる誘導結合型の 2 方式がある．

6.3.1 容量結合型高周波放電プラズマ源

図 6.11 に示すように 2 つの湾曲，もしくは平板電極間に高周波電圧を印加して放電させる方式である．CCP (Capacitively Coupled Plasma) ともいう．(a) のようにガラス管などの誘電体真空容器の外側から高周波を印加する場合と，(b) のように真空容器内に電極を設置する 2 つの場合がある．前者の場合は，誘電体壁から真空容器内に染み出した電界によって放電が開始する．生成されるプラズマにとって基準となる電位が無いためにプラズマ電位は浮遊電位となる．

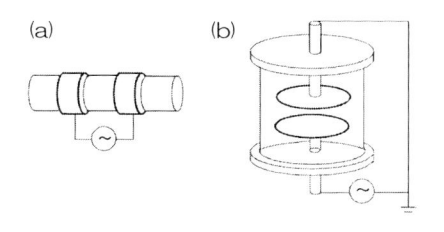

図 6.11 容量結合型高周波放電

a. 平行平板型プラズマ源

図 6.11(b) に示すように電極がプラズマと直接接触している場合，プラズマ電位は電極電位に依存する．通常は電極の片方を接地し，他方に高周波電圧を印加するのでプラズマ電位は時間的に大きく変動する．このような変動を抑制するために，高周波電力印加電極側にコンデンサ C を入れる場合が多い．このコンデン

サのことをブロッキングコンデンサという．図 6.12 にコンデンサを入れた回路を示す．

高周波電圧 $V_a = V_{RF}\sin\omega t$ をコンデンサに印加すると，図 6.13(a) に示すように，電極がプラズマ電位に対して正のときに流れ込む電子電流が，負のときに流れ込むイオン電流に比べて圧倒的に多いために，電極は負に帯電し，電極の時間平均電圧 $\langle V_b \rangle$ は負にシフトしていく．

定常状態ではイオンと電子の時間平均電流値が $\langle I_i \rangle = \langle I_e \rangle$ となるように電極 b の時間平均電位は図 6.13(b) のように負に落ち着く．この平均電位 V_{dc} のことを自己バイアスといい，およそ印加電圧の振幅に相当する負の電圧が直流的に電極 b に誘起される．すなわち，$V_b = V_a + V_{dc}$ であり，$V_{dc} \sim -V_{RF}$ となる．

電極間の空間電位の時間変化を図 6.14 に示す．電力印加電極側のシースは深浅を繰り返し，シースの幅も伸縮を繰り返す．これにより電子は加速減速を受けるために統計的に加熱される．

平行平板型放電装置は構造が簡単なため，エッチングや薄膜堆積などに用いられる．その特徴としては，比較的簡単に大面積化（1 m 級）が可能であり，プロセス空間を狭くして高速ガス流を基板表面に流すことができる．基板を置けば，自己バイアスがかかるためスパッタ装置として，またイオンアシストによる異方性エッチングなどに用いられる．

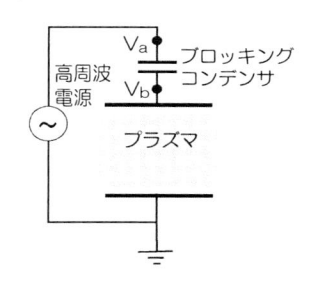

図 6.12 高周波回路図

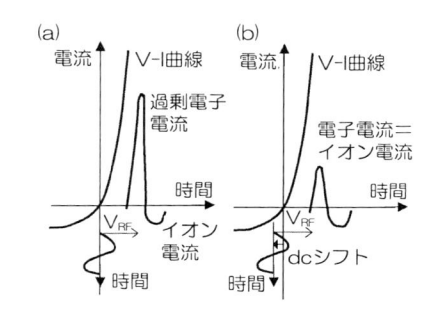

図 6.13 電流電圧特性

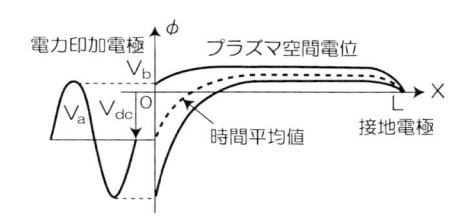

図 6.14 RF シースの時間変化

b. 平行磁界をもつプラズマ源

自己バイアスの発生を抑える方法として，磁界を電極に平行に印加する方法がある．磁界の印加によって，電極へ流れる電子電流をイオン電流の程度にまで減

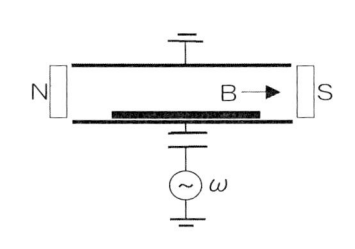

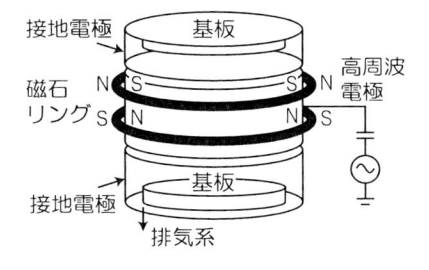

図 6.15 低自己バイアス放電　　　　図 6.16 MMT 高周波放電装置

少させることができ，深い自己バイアスの形成を抑えることができる．

磁界による閉じ込めが改善され密度も増加する．しかし，プラズマの分布は不均一になりやすく，磁石列を回転させて均一化を図る方法もある．

c. 変形マグネトロン型高周波放電装置

平行磁界の効果とマグネトロン方式の閉じ込め効果を持つ変形マグネトロン型 (MMT) 高周波放電装置が開発されている．

永久磁石で作る磁界はプラズマ生成領域のみに局在し，基板前面では磁界強度を極力抑えることができる．自己バイアスがほとんど無い．図 6.16 に示すように，リング状の高周波電極で局所的なプラズマ生成を行うことにより，対向する 2 つの基板前面で m 級の大面積均一プラズマを生成することができる．

6.3.2　誘導結合型高周波放電プラズマ

コイルに流れる高周波電流によって電界を誘起し，電子を加速し電離する方法が誘導結合型の放電である．ICP (Inductively Coupled Plasma) ともいう．

図 6.17 のように真空容器外側に巻いた N ターンの 1 次巻線に高周波電流を流すと，図 6.18 のように円筒内部に電界 E_θ が誘起される．プラズマ側を 2 次回路としたトランスのように動作する．TCP（トランス結合プラズマ）とも呼ばれる．E_θ は閉じた円を形成するため，電子は壁に衝突することなく加速され，効率のよい電子加速が可能となる．また，深い自己バイアスは発生しない．

高周波パワーは誘導電流のジュール加熱によってプラズマに移行する．このときの効率は使われる周波数，電子の衝突周波数，電子プラズマ周波数の大小関係で決まる．使用される周波数領域は 10 kHz～100 MHz，また圧力範囲も 10^{-2}～10^1 Pa の広範囲で動作可能である．

6.3 高周波放電プラズマ源

図 6.17　誘導結合型高周波放電

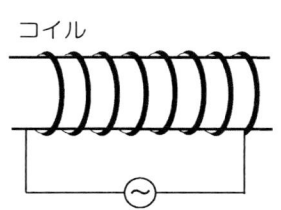

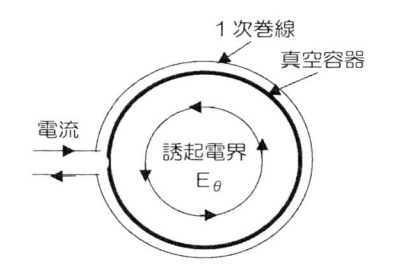

図 6.18　誘導電界の向き

この方法ではプラズマ中に電極を挿入する必要がないため，電極材料からのプラズマへの汚染などは回避することができる．また，比較的容易に高密度プラズマ（$> 10^{17}/\mathrm{m}^3$）を生成できる．

a. プラズマ密度の閾値

高周波の周波数 ω が電子プラズマ周波数 ω_{pe} より大きく

$$\omega > \omega_{pe} = \sqrt{\frac{n_e e^2}{\epsilon_0 m_e}} \quad (6.8)$$

ならば電界は電子プラズマ波としてプラズマ中を伝搬し，電子にエネルギーを与え，広い範囲で放電を維持できる（集団的応答）．しかし，逆ならば，電界は入射場所近傍で局所的に電子を加速し放電を行い（粒子的応答），プラズマ内部には進行できず反射される．

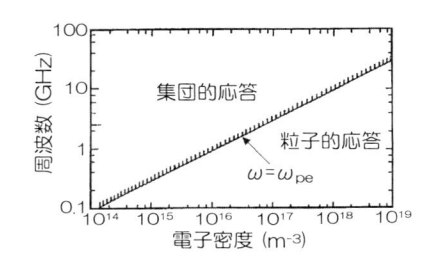

図 6.19　電子密度の閾値

高周波の周波数と電子プラズマ周波数が等しくなる密度を閾値密度という．$\omega = \omega_{pe}$ の関係を図 6.19 に示す．直線よりも右下が $\omega < \omega_{pe}$ の粒子的応答の領域であり，左上は $\omega > \omega_{pe}$ の集団的応答の領域である．

例）　$\omega/2\pi = 2.45$ GHz　のとき　$n_c = 7.4 \times 10^{16}/\mathrm{m}^3$.

b. 表皮の厚さ λ_s

中性粒子との衝突が頻繁な場合，電子の速度は前章で計算したように $u_e = \mu_e E$ で表される．ここで μ_e は電子の移動度である．したがって，電子電流は

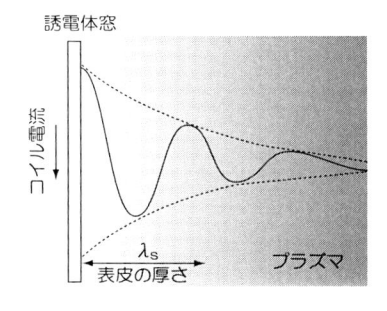

図 6.20 表皮の厚さと電界分布 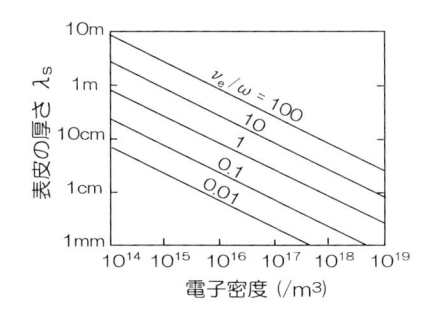　　図 6.21 表皮の厚さの電子密度依存性

$$J_e = e n_e u_e = \sigma E \tag{6.9}$$

となる．ここでプラズマの導電率は

$$\sigma = \frac{e^2 n_e}{m_e \nu_e} = \frac{\epsilon_0 \omega_{pe}^2}{\nu_e} \tag{6.10}$$

と表される．4.1 節で述べたマクスウェルの式

$$\nabla \times E = -\frac{\partial B}{\partial t}, \quad \nabla \times B = \mu_0 j + \epsilon_0 \mu_0 \frac{\partial E}{\partial t} \tag{6.11}$$

を使うと ($j \approx j_e$)，衝突の頻繁なプラズマ中の電磁波の伝搬が調べられる．

いま電磁波を $E = E_0 \exp[i(kz - \omega t)]$ の形の進行波で表されるとすると，次の分散式を得る．

$$k^2 = \frac{\omega^2}{c^2} + i\omega\mu_0 \sigma. \tag{6.12}$$

波数 k は複素数であり，$k = k_r + i k_i$ とすると，$E = E_0 e^{-k_i z} \exp[i(k_r z - \omega t)]$ となって，図 6.20 に示すように電磁波は指数関数的に減衰していく．振幅が $1/e$ になる距離を表皮の厚さ $\lambda_s = 1/k_i$ といい，次式で近似的に与えられる．

(1) $\omega_{pe}^2 \ll \omega \nu_e$ のとき

$$\lambda_s \approx \frac{c}{\omega_{pe}} \frac{2\nu_e}{\omega_{pe}} \tag{6.13}$$

(2) $\omega_{pe}^2 \gg \omega \nu_e$ のとき

$$\lambda_s \approx \sqrt{\frac{2}{\sigma \mu_0 \omega}} = \frac{c}{\omega_{pe}} \sqrt{\frac{2\nu_e}{\omega}}. \tag{6.14}$$

表皮の厚さは電磁波が電子プラズマ周波数の 1 周期の間進む距離 c/ω_{pe} の程度であることがわかる．$\nu_e \propto p$ なので，表皮の厚さ λ_s はガス圧力 p にも依存する．図 6.21 に ν_e/ω をパラメータとして，λ_s の電子密度 n_e 依存性を示す．

入射パワーと放電パワーの比をエネルギー結合パラメータ η_c とすると，η_c は λ_s/a と a/R_c に依存する．ここで a はプラズマの半径，R_c はコイルの半径である．最も効率よくプラズマの放電が行われる条件として

$$1.5 \leq \frac{a}{\lambda_s} \leq 3 \tag{6.15}$$

が経験的に得られている．すなわち，表皮の厚さ λ_s がプラズマの半径 a の 1/3 ～2/3 となるように印加周波数と電子密度を設定すればよい．

$\nu_e/\omega = 1$ のとき，電子密度が 10^{15}～$10^{17}/\mathrm{m}^3$ に変化すると，表皮の厚さ λ_s は 30 cm から 3 cm まで変化する．

c. ICP 放電装置

誘導電界を使う典型的な放電装置を図 6.22 に示す．1 ターンあるいは渦巻き状に巻いたコイルを真空容器窓の誘電体上に設置することにより，誘導電磁界を放電容器内に入射する．コイル配置をより平面的にすることによって大面積化を図っている．

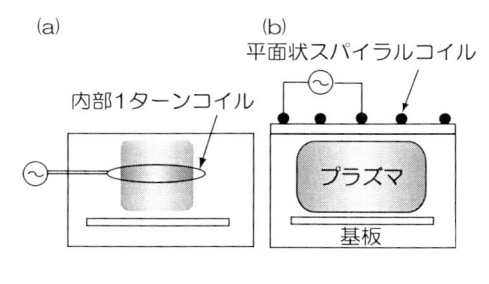

図 6.22 ICP 装置

6.4 マイクロ波放電

100 MHz から GHz 帯の周波数帯になると，イオンは十分に電界の変化に追随できなくなり，電子の運動が重要になる．

電子が電極間に捕捉されるので，高密度プラズマの生成が可能となる．また，印加周波数が高くなるので，電磁界の空間スケールは装置の程度になり，電界を放射するために電磁波の種々のモードを用いて真空容器内に導入することが考えられている．

マイクロ波放電領域では電子の拡散による損失を電離で補うという基本的な原理で説明できる．図 6.23 に示す平行平板電極に，異なる周波数 ω のマイクロ波を導入したときの放電開始電圧の

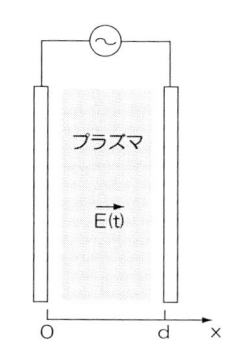

図 6.23 マイクロ波モデル

圧力依存性を図 6.24 に示す．圧力を増すと放電開始電圧は圧力とともに減少し，最小値を経て再び増加していく．ω に応じて最適な圧力があることがわかる．

前節より電子が衝突しながら得るエネルギーは

$$dW = F_e dx = -eE\sin\omega t dx. \tag{6.16}$$

よって，放電に使われるパワーは時間平均をとると

$$\overline{P_e} = \frac{n_e e^2 E^2}{2m_e}\frac{\nu_e}{\omega^2 + \nu_e^2}. \tag{6.17}$$

$\nu_e \propto p$ なので圧力を増加させると，$\partial \overline{P_e}/\partial \nu_e = 0$ より $\omega = \nu_e$ のとき $\overline{P_e}$ は最大となり，電子は最も効率良くエネルギーを得ることがわかる．周波数の約 1 桁の増加に対して最適な圧力も約 1 桁増加し，実験結果と一致する．

次に放電の開始電界の大きさを見積もってみよう．

a． 高圧力領域

圧力が高いと $\nu_e \gg \omega$ なので衝突時間内に電子に吸収されるパワーは

$$\overline{P_e} \approx \frac{n_e e^2 E^2}{2m_e \nu_e}. \tag{6.18}$$

一方，電離電圧 V_I まで加熱されたの電子が中性原子との衝突で失うパワーは衝突の損失係数を K とすると，ν_e 回衝突するので $eV_I K \nu_e$ となる．定常状態では少なくとも両者は等しくなるので

$$\frac{e^2 E^2}{2m_e \nu_e} \approx eV_I K \nu_e. \tag{6.19}$$

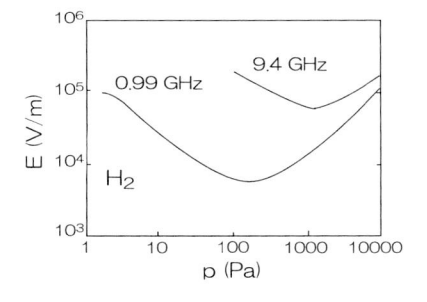

図 6.24　マイクロ波放電開始電界

よって

$$E \approx \sqrt{\frac{2m_e V_I K}{e}}\nu_e \propto p. \tag{6.20}$$

すなわち，放電開始電界は気体圧力 p に比例して増加していくが，ω に依存しない．

b． 低圧力領域

低圧力では $\nu_e \ll \omega$ なので電子は直線的に加速されていく．電子の得るパワー

は電離によって失われるとすると

$$\overline{P_e} \approx \frac{n_e e^2 E^2}{2m_e \omega^2} \nu_e \approx e n_e V_I \nu_I. \quad (6.21)$$

ここで ν_I は電離周波数である．一方，電子は拡散で失われるので式 (5.35) より

$$\nu_I = \left(\frac{\pi}{L}\right)^2 D_e. \quad (6.22)$$

ここで $D_e = \kappa T_e/m_e \nu_e$ より

$$E \approx \frac{\pi}{L}\sqrt{\frac{2\kappa T_e V_I}{e}}\frac{\omega}{\nu_e} \propto \frac{\omega}{p}. \quad (6.23)$$

放電開始電界は ω に比例し，圧力 p に反比例することがわかる．図 6.25 に圧力と周波数依存性を示す．この性質は実験結果とよく一致することが示されている．

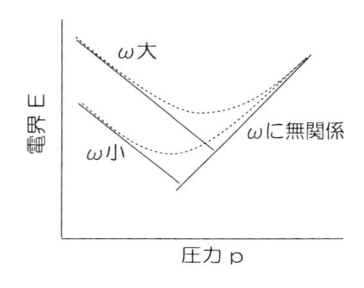

図 6.25　マイクロ波放電圧力依存性

c. 表面波プラズマ源

プラズマ密度の上限閾値以上の高密度プラズマを生成するために，表面波を用いる方法がある．数 100 MHz 以上のマイクロ波電界を誘電体窓を介して真空容器内に導入する．周波数が高いので誘電窓の大気側にアンテナや共振キャビティを設置する方法もある．

電子密度が閾値に近づくと，電磁界は誘電体とその前面のプラズマシース間（表皮の厚さ程度）に閉じ込められ，誘電体表面の誘起電荷と結合して誘電体表面を表面波として伝搬しながらプラズマを生成する．この状態になると閾値密度以上のプラズマの生成が可能となる．

6.5　電子サイクロトロン共鳴プラズマ源

6.5.1　衝突性プラズマの電子サイクロトロン共鳴加熱

図 6.26 のように z 軸方向に一様磁界を印加し，x 方向に電界 $E\sin\omega t$ を外部から印加するものとする．衝突を含む電子の運動方程式は

$$m_e \frac{d\boldsymbol{u}_e}{dt} = -e(\boldsymbol{E} + \boldsymbol{u}_e \times \boldsymbol{B}) - m_e \nu_e \boldsymbol{u}_e \quad (6.24)$$

電子の速度を求めると

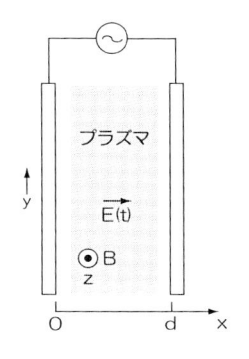

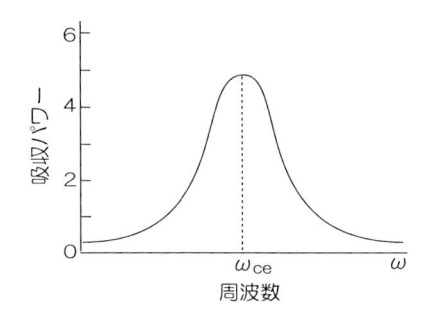

図 6.26 静磁界放電モデル　　図 6.27 電磁界の吸収曲線

$$\begin{cases} u_{ex} = C_1 \sin\omega t + C_2 \cos\omega t \\ u_{ey} = C_3 \sin\omega t + C_4 \cos\omega t \end{cases} \quad (6.25)$$

のように求まる．$C_1 \sim C_4$ は係数である．

$E // u_{ex}$ で正味のパワーが導入されるので，u_{ex} が電界と同相の $\sin\omega t$ 成分をもつ C_1 以外の係数は電子の吸収パワーに直接関係しない．ここで，C_1 は

$$C_1 = -\frac{e\nu_e E}{2m_e}\left(\frac{1}{(\omega+\omega_{ce})^2+\nu_e^2} + \frac{1}{(\omega-\omega_{ce})^2+\nu_e^2}\right) \quad (6.26)$$

となる．ω_{ce} は電子サイクロトロン周波数である．電子が吸収するパワーの時間平均値は前節と同様に

$$\begin{aligned}\overline{P_e} &= -\frac{n_e e E}{2}C_1 \\ &= \frac{n_e e^2 E^2 \nu_e}{4m_e}\left(\frac{1}{(\omega+\omega_{ce})^2+\nu_e^2} + \frac{1}{(\omega-\omega_{ce})^2+\nu_e^2}\right). \end{aligned} \quad (6.27)$$

もし $\nu_e \ll \omega_{ce}$ のとき，電子は衝突する前に何回もサイクロトロン回転できて加速される．このとき

$$\overline{P_e} \approx \frac{n_e \nu_e e^2 E^2}{2m_e}\frac{\omega^2+\omega_{ce}^2}{(\omega^2-\omega_{ce}^2)^2} \quad (6.28)$$

となる．ただし $\nu_e \neq 0$ である．

したがって $\omega \to \omega_{ce}$ のとき $\overline{P_e}$ は最大となって電子は強く加熱される．この現象を衝突性プラズマにおける電子サイクロトロン共鳴 ECR (Electron Cyclotron Resonance) という．図 6.27 には入射電磁界の電子によるパワー吸収曲線を示す．$\omega \approx \omega_{ce}$ のとき最も効率よく入射パワーが電子に吸収される．

6.5.2 無衝突プラズマの電子サイクロトロン共鳴加熱

中性ガスとの衝突が無視できる低圧力領域 ($\nu_e \approx 0$) で真空容器に開けた誘電体窓から電磁波を静磁界に平行に伝搬させてプラズマを発生させる方法である．このときには電子密度の閾値がなくなり，入射電磁界は真空容器内を伝搬できる．

4.3 節で述べたように，静磁界に平行に伝搬するマイクロ波領域の周波数を持つ電磁波は2種類ある．電子の運動方程式とマクスウェルの方程式より電磁波の屈折率 N を求めると

$$N_R^2 = \frac{k^2 c^2}{\omega^2} = 1 - \frac{\omega_{pe}^2}{\omega(\omega - \omega_{ce})}, \tag{6.29}$$

$$N_L^2 = \frac{k^2 c^2}{\omega^2} = 1 - \frac{\omega_{pe}^2}{\omega(\omega + \omega_{ce})} \tag{6.30}$$

が得られる．ここでイオンの運動は無視した．前者は電界ベクトルが右回りに回転しながら進むので右回り円偏波といい，R波と呼ばれる．後者は電界ベクトルが左回りに回転しながら進むので左回り円偏波といい，L波と呼ばれる．R波は電子のサイクロトロン回転運動の向きと同じである．

R波の k と ω の関係を示す分散曲線は図 6.28 となり，$\omega \leq \omega_{ce}$，および $\omega \geq \omega_R$ の範囲でR波は伝搬できる．ω_R はR波のカットオフ周波数である．図 4.7 ではイオンの運動を考慮したため，$\omega \ll \omega_{ce}$ の低周波領域にアルフベン波が現われる．

多くの場合 $\omega \leq \omega_{ce}$ の伝搬領域を用いる．したがって，周波数 ω が与えられる

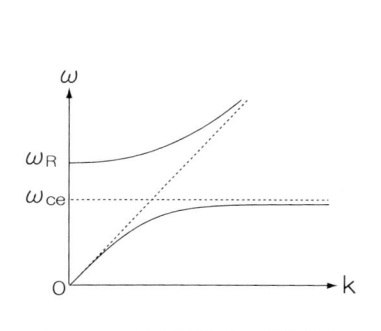

図 6.28　右回り円偏波の分散関係

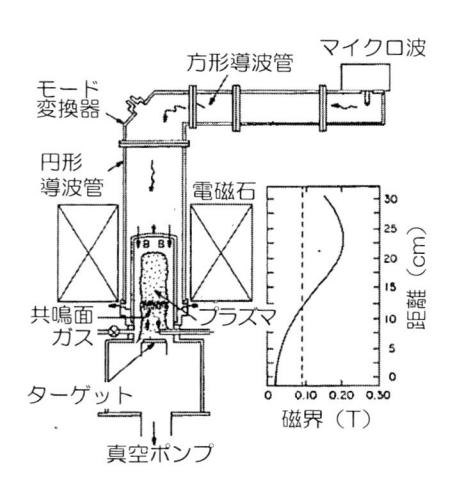

図 6.29　電子サイクロトロン共鳴装置

とき，$B \geq B_R$ の範囲が R 波の伝搬領域となる．ここで B_R は $\omega = \omega_{ce}$ となる共鳴磁界である．実験では図 6.29 のように z 軸方向の磁界を緩やかに減少するような分布を作ると，R 波は高磁界領域から z 軸方向に伝搬して $\omega = \omega_{ce}$ の場所に到達できる．R 波は $\omega \to \omega_{ce}$ のとき屈折率 N_R は大きくなり，ドップラーシフトした波の位相速度が $(\omega - \omega_{ce})/k \to v_{te}$ のように電子の熱速度に近づく．このとき右回りの電界が右回りにサイクロトロン運動している電子を長い間加速し続ける．電子の加熱は前節で述べた中性粒子との衝突によるジュール加熱とは異なり，速度分布をもつ電子集団と電磁波の相互作用による加熱機構であり，無衝突電子サイクロトロン共鳴 (ECR) 加熱という（3.7 節参照）．

6.5.3 ヘリコン波プラズマ源

R 波の中でも周波数が ω_{ce} よりもずっと低く，$0 \ll \omega \ll \omega_{ce}$ の周波数領域をヘリコン波といい，高密度プラズマを生成することができる．周波数領域は $\omega/2\pi \approx 1 \sim 50$ MHz，軸方向の磁界の強さは $B \approx 2 \sim 20$ mT であり，電子密度が $n_e \approx 10^{17} \sim 10^{20}/\text{m}^3$ のプラズマを生成できる．磁界強度を下げると周波数も低くなるので，高周波を入射させるためにアンテナが必要となる．

磁界と平行に伝搬するヘリコン波の分散式は $0 \ll \omega \ll \omega_{ce}$ より

$$N_R^2 = \frac{k^2 c^2}{\omega^2} \approx 1 + \frac{\omega_{pe}^2}{\omega \omega_{ce}} \approx \frac{\omega_{pe}^2}{\omega \omega_{ce}}. \tag{6.31}$$

よって，ヘリコン波の位相速度および群速度は

$$\begin{cases} \dfrac{\omega}{k} \approx c\sqrt{\dfrac{\omega_{ce}}{\omega_{pe}^2}}\sqrt{\omega} \\ \dfrac{d\omega}{dk} \approx 2c\sqrt{\dfrac{\omega_{ce}}{\omega_{pe}^2}}\sqrt{\omega} \end{cases} \tag{6.32}$$

のように求まる．位相速度も群速度も $\sqrt{\omega}$ に比例する．すなわち，高周波の波ほど速く伝搬する．この周波数の変化が笛を吹くような音として聞こえることからホイッスラー波とも呼ばれる（図 4.7 参照）．一般にヘリコン波は磁界に斜めに伝搬するので，円筒プラズマに対して円周方向に伝搬する特定の波数 $k_\theta (= 2\pi/\lambda_\theta)$ を持つヘリコン波を，特殊なヘリカルアンテナで励起する．$\lambda_\theta = 2\pi a/m$ であり，a はプラズマ半径，m はモード数である．

図 6.30 には (a) ループ形アンテナ，(b) ハリコフ形アンテナ，(c) ヘリカル形アンテナを示す．それぞれは $m = 0, \pm 1$ のモードを励起することができる．

図 6.31 には直径 5×10^{-2} m の石英管の外側に巻いた 1 ターンのループアンテ

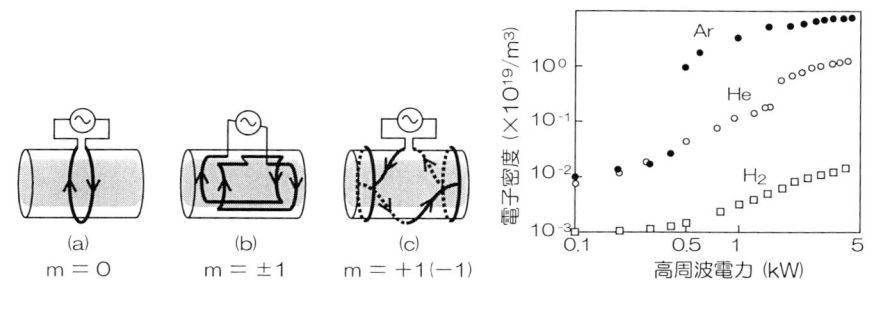

図 6.30 ヘリコン波励起用アンテナ

図 6.31 電子密度のパワー依存性

ナで $m=0$ のプラズマを生成したときの電子密度のパワー依存性を示す[10]．印加周波数は 13.56 MHz，軸方向磁界は 0.1 T である．電力の増加に伴い電子密度が急激に増加していくことが分かる．特にアルゴンの放電時には密度の急激なジャンプが観測される．数 100 W の電力で $10^{19}/m^3$ 台の電子密度，$T_e \sim$ 数 eV の電子温度のプラズマが生成できる．低圧力で動作し，周波数は電子サイクロトロン周波数よりも低いので，電子加熱の機構としてランダウ減衰が考えられている（3.7 節参照）．

6.6 光・レーザー生成プラズマ源

入射する電磁波の周波数を PHz (10^{15}) の領域に上げると波長は 1 μm 以下になり，可視光の領域に達する．たとえば波長が 532 nm の緑色のレーザーの周波数は 5.64×10^{14} Hz となる．

光の波長とエネルギーの間には

$$E = h\nu = \frac{hc}{\lambda} \qquad (6.33)$$

の関係がある．

ここで，h はプランク定数であり，1 eV = 1242 nm である．

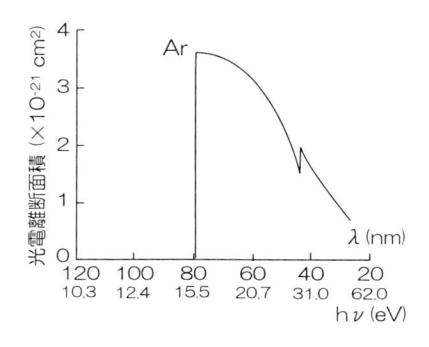

図 6.32 アルゴンの光電離断面積

光の位相と波長をそろえたのがレーザーであり，レンズで集光するとエネルギー密度を増加させることができる．特にルビーレーザーはパルス的に大電力の可視

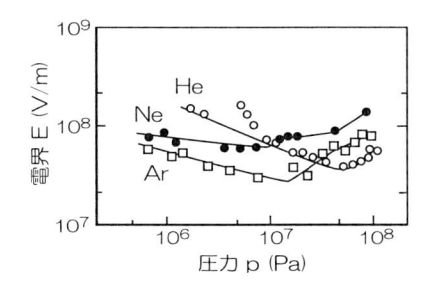

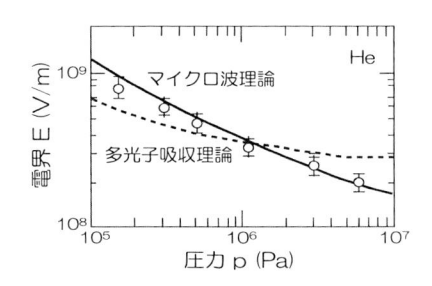

図 6.33　光破壊電界の圧力依存性
(武田　進：「気体放電の基礎」，p.176,
図 7.21，東明社，1985 年より転載)

図 6.34　光吸収モデルの比較

光を発生できる．

　アルゴンを封入した容器に光を入射するとアルゴンは電離する．これを光電離という．光の波長を変えてアルゴンの光電離断面積を測定すると図 6.32 のようになる．アルゴンの電離電圧 15.76 eV 以上のエネルギーで電離することがわかる．

　放電の開始電界の気体の圧力依存性を図 6.33 に示す．発振のパルス長は 30 ns であり，光の周波数は 3×10^{15} Hz である．

　このとき，パルス時間内に光の振動はおよそ 10^8 回行われるので，近似的には放電は連続と見なせる．図 6.33 からわかるように放電の開始電界が最小となる圧力があることがわかる．破壊電界が最小になる圧力では $\omega \approx \nu_e$ となることから，図 6.25 に示すマイクロ波放電の放電機構と似た性質を示すことがわかる．

a.　多光子吸収モデル

　レーザーから発した光子 1 個のエネルギーがたとえ原子の励起電圧以下であっても，多数の光子を同時に吸収することで電離が容易に起こることが考えられる．このような考え方を多光子吸収モデルと呼ぶ．

　図 6.34 に He の光電離電界の圧力依存性についての実験結果（○印），マイクロ波モデルと多光子吸収モデルの比較を示す[7]．マイクロ波モデルに近い結果が得られているが，詳細な検討が必要とされている．

　レーザーで生成過熱されたプラズマは急速に膨張してその前面に衝撃波を形成する．大気中レーザーパルス放電の 170 ns 後における衝撃波形成の様子が図 6.35 に示すシュリーレン像（p.107 脚注参照）から観測されている．

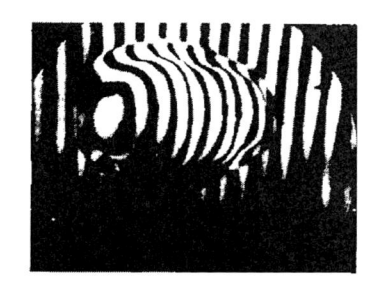

図 6.35　シュリーレン像

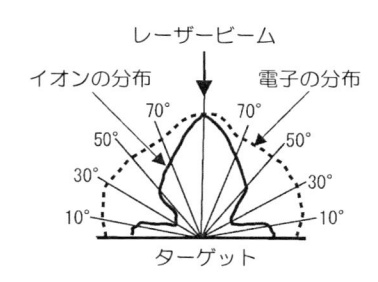

図 6.36　レーザープラズマ生成
(山中千代衛:「近代　高電圧・放電工学」,
p.87, 図 3.35, 電気書院, 1969 年より転載)

b. 固体への照射

レーザー光をレンズで集光して 1 mm 程度の固体に照射して 1 keV 程度の高温高密度プラズマを容易に生成することができる.

これらは太陽爆発の模擬実験や核融合などへの応用が考えられている.

固体に注入される単位面積あたりのエネルギーを $A(x,t)$ とすると, 固体表面の温度上昇は次式で与えられる.

$$\frac{1}{\kappa}\frac{\partial T}{\partial t} = \frac{\partial^2 T}{\partial x^2} + \frac{A}{K}. \tag{6.34}$$

ここで, $T = T(x,t)$ は温度の空間時間変化, κ は熱拡散係数, K は熱伝導率である. 固体表面でのレーザー光の入射率を α, 吸収長を δ, 入射パワーを $I(t)$ とすると

$$A(x,t) = \alpha I(t)\exp\left(-\frac{x}{\delta}\right) \tag{6.35}$$

となる. 固体表面の 1 μm 程度が急激に加熱され, 蒸発されていく. レーザー光が比較的弱い場合は蒸発ガスの電離は起こらないが, 強い場合は電離されプラズマが生成される. これによって発生するレーザーアブレーションプラズマは材料の合成などに利用されている.

図 6.36 には 133 Pa の空気中に炭素板ターゲットを置き, ルビーレーザーを照射したときに生成されたプラズマの 1μs 後のイオンと電子の相対的な空間分布を示す. レーザー照射した向きを中心に中性粒子, プラズマが飛散していく.

6.7　強結合プラズマ源

これまで扱ってきたプラズマはデバイ長 λ_D を半径とする球内の粒子数を n_D とすると，$n_D = (4/3)\pi\lambda_D^3 n \gg 1$ のプラズマの条件を満たしている（1.4.4 項参照）．ここで，n はプラズマ密度である．この条件は以下のように変形できる．

$$n_D = \frac{4}{3}\pi\lambda_D^3 n = \frac{1}{3}\frac{W_{th}}{W_p} \gg 1. \qquad (6.36)$$

ここで

$$W_{th} = \kappa T, \quad W_p = \frac{q^2}{4\pi\epsilon_0 \lambda_D}. \qquad (6.37)$$

W_{th} は熱エネルギー，W_p は静電ポテンシャルエネルギーである（$q = e$）．すなわち通常のプラズマではいつも $W_{th} \gg W_p$ となって，熱エネルギーが電荷間の静電ポテンシャルエネルギーを上回るので，電子やイオンは自由に気体のように振舞うことができる．

逆に，$n_D \ll 1$ となると，電気的なクーロン力によって荷電粒子の運動が妨げられる．このようなプラズマを強結合プラズマといい，強結合パラメータ $\Lambda \equiv W_p/W_{th} = 1/3n_D$ で特徴づけられる．Λ が増加すると気体状のプラズマは液体状態となり，$\Lambda \geq \Lambda_c \approx 170$ になると荷電粒子は規則正しく配列し，結晶化して固体状態となる（相転移）．

強結合プラズマは早くから理論的にその存在が予想され，レーザー冷却法を使ったプラズマ温度の低温化（$W_{th} \to 0$）により $\Lambda \gg 1$ が試みられていた．

一方，W_p を増加させて Λ を増大する方法として，微粒子の帯電を利用する方法が着目されている．プラズマ中に半径 a のミクロンサイズの微粒子を入れると，軽い電子が付着し負（$q_d < 0$）に帯電する．微粒子の帯電量は，浮上している微粒子に流入する電子電流とイオン電流が等しい（$I_i = I_e$）条件から得られる微粒子の浮遊電位 V_F と，電気的中性条件（$n_e + q_d n_d = n_i$），および帯電量 $q_d = 4\pi\epsilon_0 a V_F$ から求まる．ここで n_d は微粒子密度である．微粒子サイズと帯電電子数の関係を図 6.37 に示す．微粒子サイズが増加すると帯電数は増加していく．通常のプラズマ中では 1 μm 程度の微粒子の帯電数は $q_d/e = 10^3 \sim 10^4$ となるので，$\Lambda \gg 1$ となり強結合プラズマ状態となる．このようなプラズマをダストプラズマともいう．

典型的な微粒子プラズマ生成装置を図 6.38 に示す．直流または高周波放電で

図 6.37 微粒子の帯電量

図 6.38 微粒子プラズマ生成装置

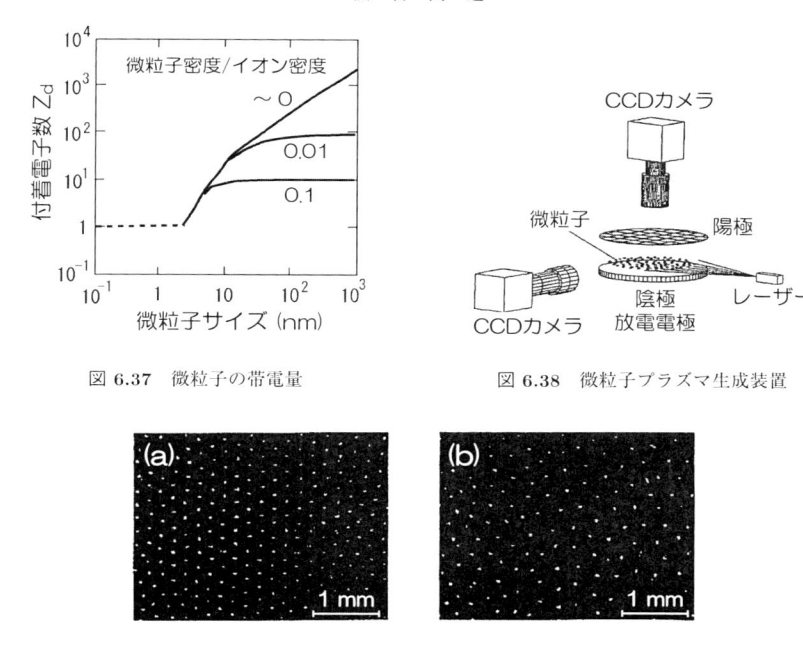

図 6.39 水平面内の微粒子 (a) 固体 (b) 液体 (気体)

プラズマを生成し，10 μm 程度の微粒子を投入すると，負に帯電し，下側の陰極シースの電界による上向きの力が重力と釣り合い，空間に浮上する．レーザー光を照射してその散乱光を CCD カメラで受けて，微粒子の挙動を観察する．

微粒子の帯電量，すなわち Λ は放電電流値で変えることができる．放電電流が少ない (0.6 mA) ときは帯電量が少なく，図 6.39(b) のように不規則で流体的な挙動を示す微粒子は，放電電流が増す (1.2 mA) と帯電量が増え，互いのクーロン力により身動きができなくなり，(a) のように規則正しく配列したクーロン結晶（固体）状態となる．

演 習 問 題

6.1 ホロー陰極直流放電で得られるプラズマの電子温度は平板電極に比べて低い．その理由について説明せよ．

6.2 陰極面に平行に一様磁界 (z 方向) があり，陰極面に垂直な x 方向に一様な静電界 E を印

加する．陰極から放出された電子はガスと衝突しながら運動するものとする．

(1) 時間平均した x 方向の電子の速度が $\overline{u_{ex}} = -\mu_P E_x$ と表されるとき μ_P を求めよ．ここで μ_P はペダーソン移動度 μ_P と呼ばれる．

(2) 時間平均した y 方向の電子の速度が $\overline{u_{ey}} = -\mu_H E_x$ と表されるとき μ_H を求めよ．ここで μ_H はホール移動度と呼ばれる．

6.3 容量結合型高周波放電では自己バイアスの形成により電力電極前面でシースが x 方向に振動する (図 6.14)．いま，電子が速度 v_{in} でシースに入射し，シースの負電位の壁と衝突して完全反射して速度 v_{out} で戻るとする．シースの伸縮速度を $v_s(t) = dx/dt = v_0 \sin\omega t$ と表せるものとする．

(1) 電子の戻る速度は $v_{out} = 2v_s(t) - v_{in}$ となることを示せ．

(2) 1 個の電子が得た運動エネルギーの時間平均値はいくらか．

(3) 密度 n_e，温度 T_e のマクスウェル分布 $f(v_{in})$ をした電子がシースに入射するとき，電子は変動シースからどのくらいのパワーを得るか．

6.4 xy 平面内の誘電体窓から電磁波を z 方向に放射する．電子と気体の衝突周波数を ν_e とする．

(1) 電磁波の波数 k と ω の関係を表す分散式を求めよ．

(2) $\nu_e \gg \omega$ のとき分散式が式 (6.12) で表されることを示せ．

(3) このとき，波数 k の実数部 k_r と表皮の厚さ $\lambda_s = 1/k_i$ を求めよ．ここで k_i は k の虚数部である．

6.5 一様磁界 (z 方向) に平行な 2 枚の平行平板電極の間に導電率 σ のプラズマが一様に満たされている．電極間の電界が $E_x = E\sin\omega t$ で変化する．

(1) 電子衝突による電子の時間平均吸収パワーが式 (6.27) で表されることを示せ．

(2) $\nu_e \ll \omega_{ce}$ のとき，圧力と磁界が一定のもとで ω を変化させたときの時間平均吸収パワーの最大値 P_{max} はいくらか．また，そのときの周波数 ω_0 はいくらか．

(3) 時間平均吸収パワーが $\frac{1}{2}P_{max}$ となる周波数を $\omega = \omega_0 + \Delta\omega$ とし，$\Delta\omega \ll \omega_{ce}$ のとき，$\Delta\omega \approx \nu_e$ となることを示せ．

7 プラズマの計測

　放電によって生成されたプラズマはどのくらいの密度と温度をもっているのであろうか．そのエネルギーはどれくらいであろうか．プラズマの応用を幅広く行うためには，プラズマ自身の特徴を正確に計測しておく必要がある．

　プラズマの計測法とそれによって計測できる物理量を表 7.1 に示す．

　計測法には大きく分けて二つある．プラズマから自然に出てくる情報を収集する受動的測定法と，外部からプラズマに刺激を与えてその応答を観測する能動的測定法である．

表 7.1　プラズマ計測法の分類

	受動的測定		能動的測定	
	方法	被測定量	方法	被測定量
電磁波測定	写真法	形状・位置	透過法	n_e, T_e
	スペクトル線法		反射法	n_e, T_e
	線強度比	T_e	干渉法	n_e
	線幅ドップラ幅	T_i	散乱法	T_e, n_e
	線幅シュタルク幅	n_e	シュリーレン法*)	n_e
	ドップラシフト	v_i		
粒子測定			静電プローブ法	
			単針・複針プローブ	n_e, T_e
			粒子エネルギー分析器	
			ファラデーカップ	F_e, F_i
			静電偏向型	F_e, F_i
			磁界偏向型	F_e, F_i
中性粒子・ラジカル測定			レーザー吸収法	ラジカル
			レーザー蛍光法 (LIF)	ラジカル
			ラマン分光法 (CARS)	ラジカル
電磁気的作用	単純コイル	$B(t)$		
	ロゴスキーコイル	$I(t)$		

n_e：電子密度，T_e：電子温度，n_i：イオン密度，T_i：イオン温度，v_i：イオン速度，
F_e：電子エネルギー分布関数，F_i：イオンエネルギー分布関数，
$B(t)$：磁界変動，$I(t)$：プラズマ電流変動

*)　シュリーレン法：密度の変化による屈接率の変化を明暗の差として表す光学的測定法．平行光線を対象に通し，一点に集光すると，屈接率のむらにより波面が歪み，焦点がずれるので，撮像すると明暗として現われる．

7.1 静電プローブ法

荷電粒子を直接計測する能動的計測法の簡単な例として静電プローブ法がある．プラズマ中に小さな針（探針）を挿入して，直流電圧を印加し，流入する電流と電圧の関係から，プラズマの電子密度，電子温度，プラズマ電位を計測する．挿入する探針の数によって，単探針法，複探針法がある．

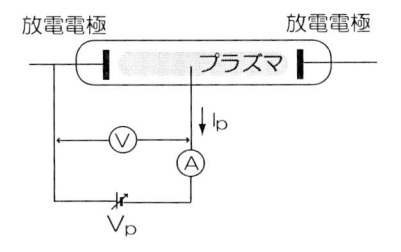

図 7.1 プローブ回路

7.1.1 シングルプローブ法

プローブ回路図を図 7.1 に示す．いま，yz 面の平板プローブに x 方向から流入する電子電流を求める．プラズマ電位を ϕ，プローブの電圧と電流をそれぞれ V_p と I_p とする．電子が 1 次元のマクスウェル速度分布をしているとすると，

$$f_e(v_e) = n_e \left(\frac{m_e}{2\pi\kappa T_e}\right)^{1/2} \exp\left(-\frac{m_i v_e^2}{2\kappa T_e}\right). \tag{7.1}$$

$V_p \geq \phi$ のときはすべての電子が入射できるので

$$I_e = -eA \int_0^\infty v_e f_e(v_e) dv_e = -\frac{1}{4} A n_e \sqrt{\frac{8\kappa T_e}{\pi m_e}} = I_{es}. \tag{7.2}$$

ここで，A はプローブの表面積，I_{es} は電子飽和電流を表す．

$V_p \leq \phi$ のとき $v_e > v_m \equiv \sqrt{2e(\phi - V_p)/m_e}$ の電子だけがプローブに入射できるので

$$I_e = -eA \int_{v_m}^\infty v_e f_e(v_e) dv_e = I_{es} \exp\left(\frac{e(V_p - \phi)}{\kappa T_e}\right) \tag{7.3}$$

となる．

一方，正イオン電流は添え字 e を i とし，電流および電圧の領域を逆にすれば同様な関係が得られる．特に $V_p \leq \phi - (1/2)\kappa T_e$ のとき，イオンは音速 C_s でプローブのまわりにできるシースに入射する．これをボーム条件という．このとき

$$I_{is} = eAn_s C_s = eAn_s \sqrt{\frac{\kappa T_e}{m_i}} = I_{is} \tag{7.4}$$

と書ける．ここで n_s はシース端の密度でおよそ $n_s \approx e^{-1/2} n_e \approx 0.6 n_e$ となる．

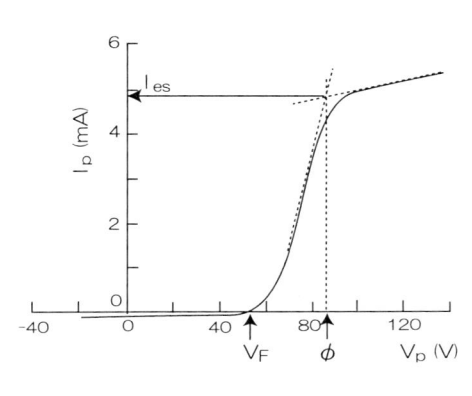

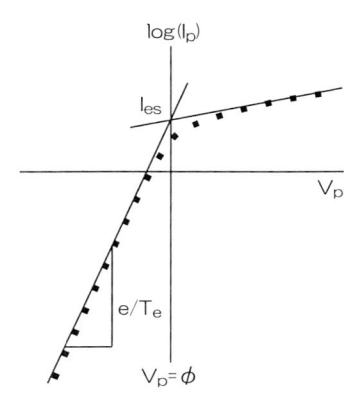

図 7.2 プローブ特性

図 7.3 片対数プロット

I_{is} はイオン飽和電流を表す.

プローブ電流は $I_p \equiv I_e - I_i$ で定義される.プローブの電流電圧特性を図 7.2 に示す.プラズマ中では $v_e \gg v_i$ なので,$I_e \gg I_i$ となり,イオン電流は極めて小さい値となる.

プローブ特性を $V_p - \log I_p$ プロットすると図 7.3 となり,その傾き $1/(\kappa T_e/e)$ の逆数より,電子温度 T_e が eV 単位で求まる.電子密度 n_e は電子飽和電流値 I_{es} から求まる.また,電子飽和電流値になるプローブ電圧からプラズマ電位 ϕ が求まる.$I_e = I_i$ となって電流 $I_p = 0$ となる電圧を浮遊電位(フローティング電位)V_F という.

7.1.2 ダブルプローブ法

ガラス管内の無電極高周波放電などのように,基準電位を持たないプラズマ計測に使う.図 7.4 に示すようにプローブは針 2 本からなり,両端に直流電圧を加えて,電流電圧特性を計測する.プローブ自体は全体として浮遊電位となり,電流の大きさはイオン電流の程度となる.$\pm V_p$ で特性曲線は対称となる.

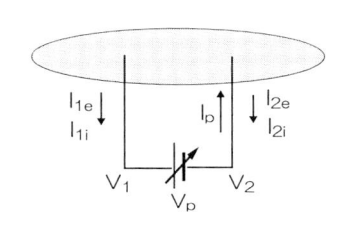

図 7.4 ダブルプローブ

全体が浮いているから $I_{1e} + I_{1i} + I_{2e} + I_{2e} = 0$.2 → 1 の電流は $I_p = I_{2e} + I_{2i} - (I_{1e} + I_{1i})$.したがって

$$I_{2e} + I_{2i} = -(I_{1e} + I_{1i}) = \frac{1}{2}I_p. \tag{7.5}$$

ここで，電圧 V_1 の探針 1 に流入する電流は

$$I_{1e} = -I_{es}\exp\left(\frac{e(V_1-\phi)}{\kappa T_e}\right) = -\frac{1}{2}I_p - I_{is}. \tag{7.6}$$

電圧 V_2 の探針 2 に流入する電流は

$$I_{2e} = -I_{es}\exp\left(\frac{e(V_2-\phi)}{\kappa T_e}\right) = \frac{1}{2}I_p - I_{is}. \tag{7.7}$$

したがって

$$I_p = 2I_{is}\tanh\frac{eV_p}{2\kappa T_e}. \tag{7.8}$$

ここで，$V_p = V_1 - V_2$ とした．$V_p = 0$ のとき $I_p = 0$ であり，プローブは浮遊電位 V_F にある．$V_p = 0$ のときの曲線の傾き $dI_p/dV_p = eI_{is}/\kappa T_e$ から電子温度 T_e が求まる．また，飽和電流値 $2I_{is}$ よりイオン密度 n_i が求まる．局所プラズマ量が測れるが，高速電子があると誤差が生じる．

7.2 エネルギー分析法

プラズマ中の荷電粒子のエネルギー分布を測る．通常は電子やイオンはマクスウェル分布をしているとして，そのエネルギー幅の広がりを等価的な温度と定義して求めている．しかし，マクスウェル分布から大きく外れる荷電粒子もしばしば存在し，その検出が重要となる．

7.2.1 ファラデーカップ

図 7.5 に示すように平板プローブの前面にマルチチャネル板とグリッドを置いた構造をとる．マルチチャネル板は垂直に入射する成分のみを選択する．正イオンのエネルギー分布を測定するにはグリッドに負電圧を印加し，コレクタに電子が流入しないように追い返す．

いま $(1/2)m_e v_e^2 = -eV = W \ (V \leq 0)$ として 1 次元の電子のエネルギー分布関数 $F(W)$ を求める．エネルギーを電子ボルト (eV) で表す．1 eV =

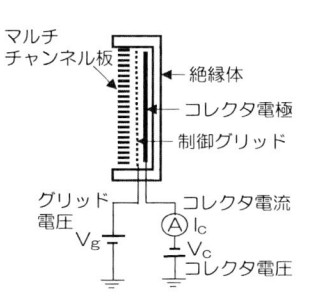

図 7.5 ファラデーカップ

1.6×10^{-19} J である．電子コレクタ電流 I_c を $m_e v_e dv_e = dW$，および $(1/2)m_e v_m^2 = -eV_c = W_c$ として書き直すと

$$I_c = -eA \int_{v_m}^{\infty} v_e F\left(\frac{1}{2}m_e v_e^2\right) dv_e = -\frac{Ae}{m_e} \int_{W_c}^{\infty} F(W) dW = \frac{eA}{m_e} g(W)\Big|_{W_c}. \tag{7.9}$$

ここで，$F(W) \equiv dg(W)/dW$ とおいた．両辺を V_c で微分すると

$$F_e(eV_c) = -\frac{m_e}{Ae^2}\frac{dI_c}{dV_c} \tag{7.10}$$

を得る．コレクタの電流電圧曲線を V_c で微分することによってエネルギー分布関数 $F_e(eV_c)$ が求められる．イオンの場合も同様にして次式を得る．

$$F_i(eV_c) = -\frac{m_i}{Ae^2}\frac{dI_c}{dV_c}. \tag{7.11}$$

7.2.2 静電偏向型エネルギー分析器

図 7.6(a) のように半径 R の扇状の幅 d のスリットに荷電粒子を速度 v で入射させる．内側電極を接地し，外側の電極に V_R の電圧をかけると，半径方向の運動方程式より

$$m\frac{v^2}{R} = eE_R. \tag{7.12}$$

したがって

$$\frac{1}{2}mv^2 = \frac{1}{2}eRE_R = \frac{eR}{2d}V_R \tag{7.13}$$

の運動エネルギーをもつ粒子だけが通過できる．V_R を変化させて通過する電流量を測れば，そのエネルギー分布を測定することができる．

7.2.3 磁界偏向型エネルギー分析器

図 7.6(b) のように磁界 B に垂直に粒子を入射させると，粒子の軌道は曲げられ，射出スリットからは特定のエネルギーを持つ粒子だけが出てくる．

運動方程式より

$$m\frac{v^2}{R} = evB \tag{7.14}$$

$$\therefore \frac{1}{2}mv^2 = \frac{e^2 R^2}{2m}B^2. \tag{7.15}$$

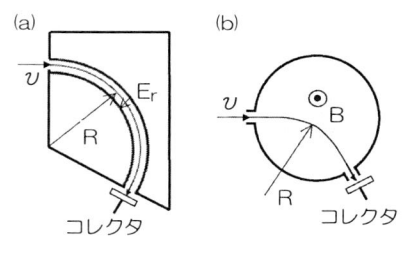

図 **7.6** (a) 静電偏向型 (b) 磁界偏向型

したがって，B を変化させて通過電流量を測定してエネルギー分布を得る．

7.3 磁気プローブ法

プラズマ中の磁界の変動やプラズマ中を流れる電流の変動を計測できる．

7.3.1 単純コイル

図 7.7(a) のように n 巻きの半径 a の微小コイルをプラズマ中に挿入すると，プラズマ中のコイルを通過する磁界 B の変化を測定できる．コイルの両端の起電力はマクスウェルの式より

$$V = \int \boldsymbol{\nabla} \times \boldsymbol{E} \cdot \mathrm{d}\boldsymbol{S} = -\int \frac{\partial \boldsymbol{B}}{\partial \mathrm{t}} \cdot \mathrm{d}\boldsymbol{S}$$
$$= -\mathrm{S}\frac{\partial \mathrm{B}}{\partial \mathrm{t}}. \tag{7.16}$$

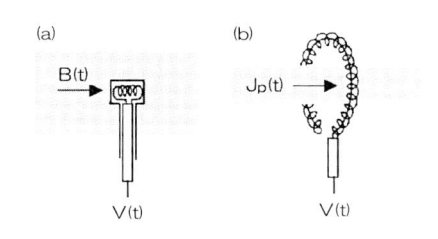

図 7.7　(a) 磁気コイル (b) ロゴスキーコイル

両辺を時間で積分すると

$$B(t) = -\frac{1}{n\pi a^2}\int_0^t V(t)dt. \tag{7.17}$$

電圧 $V(t)$ の信号を積分器に通せば磁界 B の時間変化が測定できる．

7.3.2 ロゴスキーコイル

図 7.7(b) のように半径 a の n 巻きのコイルを半径 R の円状にプラズマを囲むように設置すると，その内側を流れるプラズマ電流 I_p を測定することができる．

マクスウェルの式より

$$\boldsymbol{\nabla} \times \boldsymbol{B} = \mu_0 \boldsymbol{j}. \tag{7.18}$$

両辺をそれぞれ積分して

$$\int \boldsymbol{\nabla} \times \boldsymbol{B} \cdot d\boldsymbol{S} = 2\pi R B_\theta, \qquad \mu_0 \int \boldsymbol{j} \cdot d\boldsymbol{S} = \mu_0 I_p.$$

ゆえに前の結果を使って

$$I_P = \frac{2\pi R}{\mu_0}B_\theta = -\frac{2R}{na^2\mu_0}\int_0^t V(t)dt. \tag{7.19}$$

電圧 $V(t)$ の信号を積分器に通せばプラズマ電流 I_p の時間変化が測定できる．

7.4 電磁波による計測法

7.4.1 透 過 法

プラズマ中を伝播する電磁波の波長が伸びることを利用して，透過電磁波と非透過電磁波を干渉させてプラズマの密度を測ることができる．

プラズマ中の電磁波の分散式は4.1節で述べたように

$$\omega^2 = \omega_{pe}^2 + k^2 c^2. \tag{7.20}$$

で与えられる．ω_{pe} は電子プラズマ周波数，c は光速である．プラズマの屈折率 N は

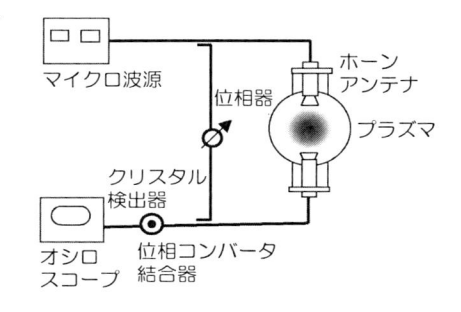

図 **7.8** マイクロ波干渉計

$$N = \frac{kc}{\omega} = \sqrt{1 - \frac{\omega_{pe}^2}{\omega^2}}. \tag{7.21}$$

よって，$\omega = \omega_{pe}$ で $N = 0$ のカットオフとなる．透過条件は $\omega > \omega_{pe}$ となる．一方，プラズマの外部の大気中の電磁波の分散式は $\omega^2 = k_0^2 c^2$. したがって，長さ d のプラズマ中を伝搬した電磁波との位相差は

$$\Delta\varphi = (k_0 - k)d = \frac{\omega d}{c}\left(1 - \sqrt{1 - \frac{\omega_{pe}^2}{\omega^2}}\right) \tag{7.22}$$

となる．$\omega^2 \gg \omega_{pe}^2$ のとき

$$\Delta\varphi \approx \frac{\omega d}{c}\frac{\omega_{pe}^2}{2\omega^2} = \frac{de^2 n_e}{2\omega c m_e \epsilon_0}. \tag{7.23}$$

よって

$$n_e = \frac{2\omega c m_e \epsilon_0}{de^2}\Delta\varphi. \tag{7.24}$$

したがって，位相差 $\Delta\varphi$ を測れば電子密度 n_e を測定できる．

7.4.2 反 射 法

前とは逆に $\omega^2 \ll \omega_{pe}^2$ のとき，電磁波はプラズマ中を透過しないでプラズマ表面で反射する．反射波の位相の遅れを測ればプラズマ密度を計測できる．

分散式より

$$k = \frac{\omega}{c}\sqrt{1 - \frac{\omega_{pe}^2}{\omega^2}} = i\frac{\omega}{c}\sqrt{\frac{\omega_{pe}^2}{\omega^2} - 1} \equiv i\gamma. \quad (7.25)$$

γ は減衰定数である．電磁波がプラズマ中に λ_s だけしみ込み，振幅が $1/e$ になる距離を表皮の厚さ λ_s と呼んだ．$e^{ikx} = e^{-\gamma\lambda_s} = e^{-1}$ より $\lambda_s = 1/\gamma$ となる．

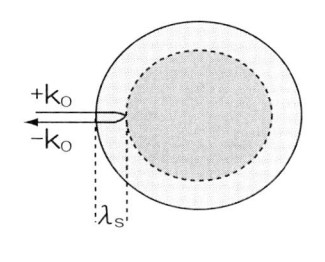

図 7.9 マイクロ波反射法

このとき反射係数 $R = (1-N)/(1+N)$ の大きさと位相角は

$$|R| = 1, \quad \tan\varphi = \frac{2k_0\gamma}{k_0^2 - \gamma^2}$$

となる．$N(=i\gamma/k_0)$ は屈折率である．$\tan\varphi = 2\tan(\varphi/2)/(1-\tan^2(\varphi/2))$ の関係より，位相の遅れは

$$\tan\frac{\varphi}{2} = \sqrt{\frac{\omega_{pe}^2}{\omega^2} - 1}. \quad (7.26)$$

$\omega^2 \ll \omega_{pe}^2$ のとき $\varphi \to 180$ 度となる．φ を計測して ω_{pe}，すなわち n_e がわかる．また，φ の時間変化を測定すると，プラズマの動きがわかる．

7.5 レーザーによる計測法

7.5.1 干渉法

レーザーも電磁波なので干渉法によりプラズマ密度の計測ができる．周波数が高いので高密度プラズマの計測が可能となる．基本的な原理はマイクロ波法と同じである．代表的な干渉計の配置を図 7.10 に示す．プラズマを通過する光と通過しない光の干渉パターン，またはフリンジシフトを検出器で検出して位相の遅れを計測する．

7.5.2 トムソン散乱法

波長 λ_0 のレーザー光の電界によってプラズマ中の電子は加速される．このとき，電子

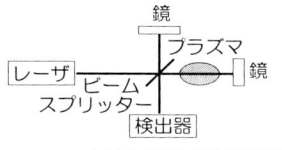

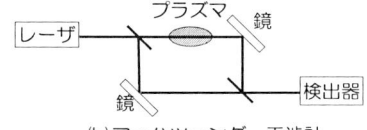

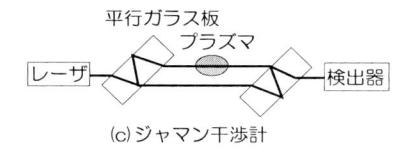

図 7.10 レーザー干渉計

は別の波長の光を放射する．これを光のトムソン散乱といい，プラズマの密度や温度の情報をもつ．この散乱光のスペクトルを解析することにより，プラズマの密度と温度を計測できる．

散乱はデバイ長 λ_D と光の波長の大小関係で様子が異なる．ここで両者の比を散乱パラメータ ζ という．θ を入射波と散乱波の散乱角とすると

$$\zeta = \frac{1}{\Delta k \lambda_D} = \frac{\lambda_0}{4\pi \lambda_D \sin \frac{\theta}{2}}. \quad (7.27)$$

ここで入射光と散乱光の波長をそれぞれ $\bm{k}_0$, $\bm{k}$ とすると $\Delta \bm{k} = |\bm{k} - \bm{k}_0|$ より $\Delta k = 2k_0 \sin(\theta/2)$ となる (図 7.11)．

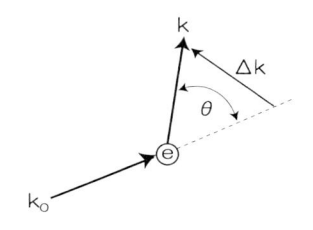

図 **7.11** 電磁波の散乱

a. $\zeta \ll 1$ のとき $\lambda_0 \ll \lambda_D$

デバイ長よりも波長が小さいので電子の一つ一つの散乱が重要となる．スペクトル幅は電子の熱運動により広がる．ドップラー幅を $\Delta \lambda_e$ とすると

$$\Delta \lambda_e = \frac{4\lambda_0 \sin(\theta/2)}{c} \sqrt{2 \frac{\kappa T_e}{m_e} \ln 2}. \quad (7.28)$$

ルビーレーザー ($\lambda_0 = 694.3$ nm) で $\theta = \pi/2$ の散乱とすると $\Delta \lambda_e = 3.2 (\kappa T_e (\mathrm{eV}))^{1/2}$ (nm) となる．また散乱の断面積 $\sigma = f(n_e, T_e)$ と全光子数よりプラズマ密度 n_e が求まる．

b. $\zeta > 1$ のとき $\lambda_0 > \lambda_D$

電磁波の波長がデバイ長より長いので，電子はもはや独立には散乱に寄与しない．電磁波はプラズマの集団的な散乱を受ける．その結果，散乱スペクトルはイオンのドップラー幅 $\Delta \lambda_i$ をもつ．

$$\Delta \lambda_i = \frac{4\lambda_0 \sin(\theta/2)}{c} \sqrt{2 \frac{\kappa T_i}{m_i} \ln 2}. \quad (7.29)$$

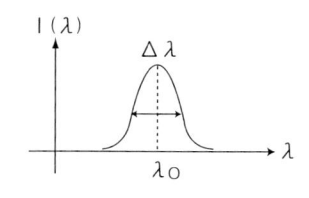

図 **7.12** 散乱スペクトル

これよりイオン温度を計測できる．

7.6 発光による計測法

プラズマ中からは使用しているガス特有の発光が観測される．これらの光の波長，強度，スペクトル幅などはプラズマ中の電子温度や電子密度の情報を持っている．光のスペクトル強度を観測することによって，プラズマの諸量を知ることができる．図7.13に分光計測の配置を示す．

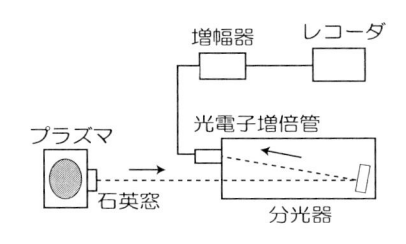

図 **7.13** 分光測定系

7.6.1 スペクトル線強度比法

a. 局所熱平衡モデル

スペクトル強度法ともいう．電子密度が高くプラズマ中の電子によって励起された各準位間の分布が粒子間の衝突のみで決定され，励起過程とその逆過程がつりあっている局所熱平衡が満たされているものと仮定すると，二つのスペクトル強度間の比較によって電子温度を決定できる．

光の j 番目のスペクトル線放射強度を I_j とすると，二つの連続したスペクトル線の強度比は

$$\frac{I_1}{I_2} = \frac{f_{1i}}{f_{2j}} \frac{g_1}{g_2} \exp\left(-\frac{\Delta W}{\kappa T_e}\right). \tag{7.30}$$

ここで，f_{mn} は mn 準位間の遷移確率，g は統計的重み，ΔW は状態のエネルギー差を表す．プラズマ密度が高い場合，上式はかなり正確な T_e を与える．密度が低い場合にはスペクトル線の選択に工夫が必要となる．

図7.14にHeプラズマからのHe(II) 468.6 nmとHe(I) 587.6 nmの発光強度比と電子温度の関係を示す．プラズマ密度に大きく依存しないので，強度比の測定から電子温度 T_e がわかる．

b. コロナモデル

比較的低密度プラズマに適用できる．基底状態の電子数が励起状態に比べて圧倒的に多いため，上の p 順位から下の q 準位に遷移放出する光強度 I_{pq} は

$$I_{pq} = n_e n_g \langle Q_{pq}(v_e) v_e \rangle \tag{7.31}$$

7.6 発光による計測法

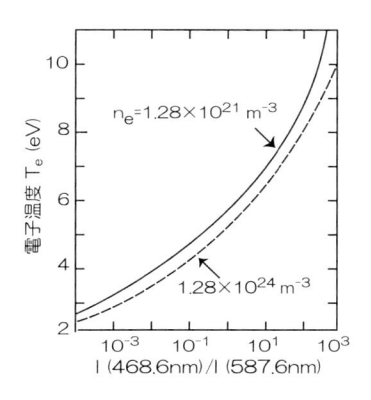

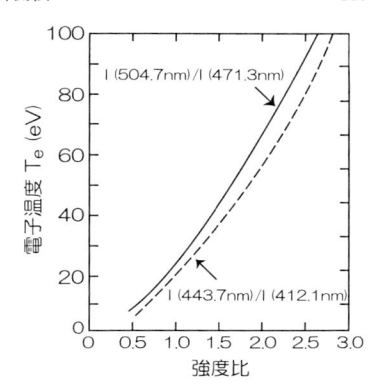

図 7.14 線スペクトル強度比（局所熱平衡モデル）
（堤井信力：「プラズマ基礎工学（増補版）」，p.231，
図 5.4，内田老鶴圃，1995 年より転載．）

図 7.15 線スペクトル強度比（コロナモデル）
（堤井信力：「プラズマ基礎工学（増補版）」，p.232，
図 5.5，内田老鶴圃，1995 年より転載．）

となる．ここで n_g は基底状態原子密度，Q_{pq} は $p \to q$ への励起断面積，$\langle \ \rangle$ は電子の速度分布関数による平均を表す．したがって，二つのスペクトル線の強度比は $I_{pq}/I_{mn} = \langle Q_{pq}(v_e)v_e \rangle / \langle Q_{mn}(v_e)v_e \rangle$ となる．図 7.15 に He の場合における二つのスペクトル強度比に対する電子温度の変化を示す．このモデルが成り立つ電子密度の上限は $n_e \sim 10^{17}/\mathrm{m}^3$ 程度である．

7.6.2 スペクトル線幅による計測

a. ドップラー幅法

発光する粒子が観測者と相対運動していると観測されるスペクトルは中心波長からずれてくる．この広がりをドップラーの広がりという．発光する粒子をイオンとすると，そのスペクトル幅は

$$\Delta\lambda_i \approx \frac{\lambda_0}{c}\sqrt{\frac{2\kappa T_i(eV)}{m_i}} \tag{7.32}$$

となる．

軽いイオンほど，また高温であるほどドップラーの広がりは大きい．たとえば，水素プラズマで可視光 500 nm のスペクトル線に対して $T_i \sim 10$ eV のとき $\Delta\lambda_i \sim 0.11$ nm となる．

b. シュタルク幅法

プラズマ密度が高い場合は $(n_e > 10^{15}/\text{cm}^3)$，荷電粒子の電界によって放射光の広がりが増強される．これをシュタルクの広がりといい，次式で表される．

$$\Delta\lambda(A) = 8.16 \times 10^{-19}(1 - 0.7 n_D^{-1/3}) \\ \times \lambda_0^2(n_1^2 - n_2^2)\frac{z_p^{1/3}}{z_e}n_e^{2/3}. \quad (7.33)$$

ここで n_D はデバイ球の中の電子数，n_1 と n_2 は遷移の上下における主量子数，z_p はイオン価数，z_e は核軌道電子数（水素の場合 = 1，ヘリウムの場合 = 2）である．

水素プラズマの場合，2つのスペクトル線 H_α と H_β の例を図 7.16 に示す．ここで，実線は $T_e = 4$ eV，破線は $T_e = 2$ eV，1点鎖線は $T_e = 0.5$ eV である．$n_e \sim 10^{22}/\text{m}^3$，$T_e \sim 4$ eV のとき H_β 遷移で $\Delta\lambda \sim 0.93$ nm となる．

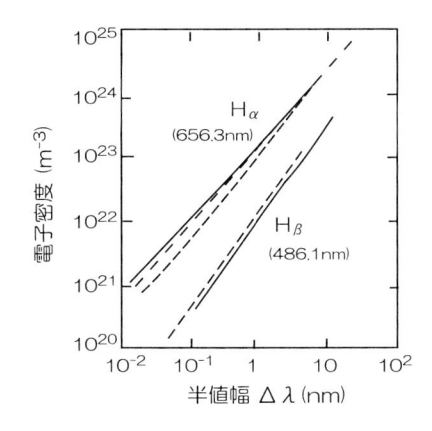

図 7.16 シュタルクの広がり
（堤井信力：「プラズマ基礎工学（増補版）」，p.229, 図 5.3, 内田老鶴圃，1995 年より転載．）

7.7 ラジカル計測法

最近，プラズマを用いた材料合成が盛んに行われ，反応性プラズマ中にできるラジカル（反応活性種）の種類や密度の計測が重要となっている．これらの活性種は外部から照射したレーザー光を吸収したりするので，その吸収量の大きさから計測できる．ラジカルの中には発光しないものもあり，外部からレーザーを照射して強制的に励起し，発光させる手法もある．

図 7.17 レーザー吸収法

7.7.1 レーザー吸収法

プラズマ中に入射した光はプラズマ中の原子・分子を励起し吸収されるために，その強度は減衰する．プラズマ点火時と非点火時の光の強さを I_1，I_0 とすると，

$$\frac{I_1}{I_0} = \frac{\int g(\nu)(1 - \exp(-k_0 L f(\nu)))d\nu}{\int g(\nu)d\nu}. \quad (7.34)$$

ここで $g(\nu)$ と $f(\nu)$ は光源と被測定スペクトル線の形状を与える関数，L は吸収長，k_0 はスペクトル線の広がりの中心波数である．

一方，下準位の密度は

$$N_1 = 8\pi\nu_0^2 C \frac{g_1}{g_0} \left(\int f(\nu)d\nu \right) k_0 L \tag{7.35}$$

と表されるので，$f(\nu)$ や $g(\nu)$ が分かっていれば I_1/I_0 を測定することで下準位の密度が求まる．

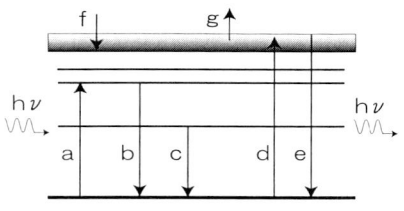

図 7.18 種々の輻射過程

a 誘導吸収　b 誘導放出　c 自発放出
d 光電離　e 輻射再結合
f 制動輻射/シンクロトロン輻射
g 電磁波散乱

7.7.2 レーザー誘起蛍光法（LIF）

高感度で原子・分子の密度を計測する方法である．図 7.19 のように基底準位からレーザー光で適当な励起準位へ励起すると，この準位から元の準位，もしくは途中の準位に遷移する際に放出される放出光（蛍光）を観測する．前者の遷移を二準位系，後者の遷移を三準位系という．二準位系の場合，準位間のレート方程式は $dn_2/dt = (I(\nu)/c)(B_{12}n_1 - B_{21}n_2) - A_{21}n_2$ と表される．ここで，$I(\nu)$ は周波数 ν のレーザー強度，B_{12}，B_{21}，A_{21} はそれぞれ吸収，誘導放出，自然放出に対するアインシュタインの係数と呼ばれる．各係数の間には $g_1 B_{12} = g_2 B_{21} = g_2 A_{21} c^3 / 8\pi h\nu^3$ の関係がある．g_1，g_2 は統計重率，h はプランク定数である．レーザー光が充分強い場合，定常状態における準位 1 と準位 2 の密度には $n_2 = g_2 n_1 / (g_1 + g_2)$ の関係がある．この蛍光はラジカルなどの種類に依存するので，蛍光の時間空間変化を測定することによりラジカルの種類と密度の変化を知ることができる．

空気の放電を利用した一酸化窒素 NO の二酸化窒素 NO_2 への変換の時間変化を，LIF 法で計測した結果を図 7.20 に示す．時間とともに NO が減少して NO_2 が増加するが，変化率は次第に飽和してくることがわかる．

7.7.3 コヒーレントアンチストークスラマン分光法（CARS）

気体分子を含むプラズマ中に周波数 ν_1 と ν_2 のレーザー光を同時に入射すると，その周波数差 $\Delta\nu = \nu_1 - \nu_2$（波数差 $\Delta\boldsymbol{k} = \boldsymbol{k}_1 - \boldsymbol{k}_2$）が対象としている分子のエネ

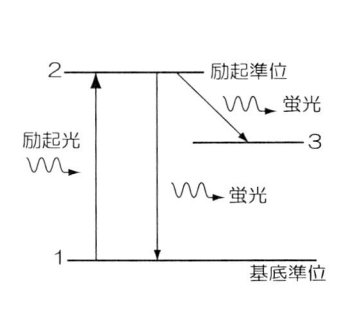

図 7.19 LIF の原理

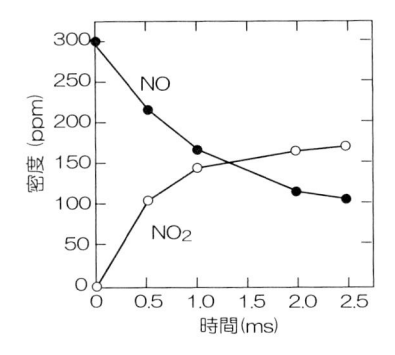

図 7.20 LIF による NO_x 測定
(G. Roth. M. Gundersen: IEEE, Trans. Plasma Sci., Vol.28, p.27, 1999 より転載.)

ルギー（振動・回転など）に相当する固有振動数 ν_0（固有波数 k_0）と一致すると，多数の対象分子の振動モードが共鳴的にかつ位相を揃えて励振され（位相整合），共鳴的にアンチストークス成分 $\nu_3 = \nu_1 + \Delta\nu = 2\nu_1 - \nu_2$（$\boldsymbol{k}_3 = \boldsymbol{k}_1 + \Delta\boldsymbol{k} = 2\boldsymbol{k}_1 - \boldsymbol{k}_2$）の光を強く放出する（図 7.21）．ここで，$\nu_0$ が

(1) 電子エネルギーのとき → 電子ラマンスペクトル
(2) 振動エネルギーのとき → 振動ラマンスペクトル
(3) 回転エネルギーのとき → 回転ラマンスペクトル

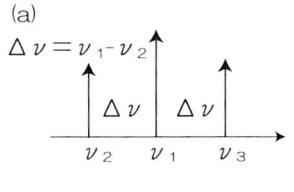

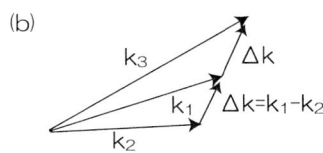

図 7.21 散乱波の (a) 周波数 (b) 波数条件

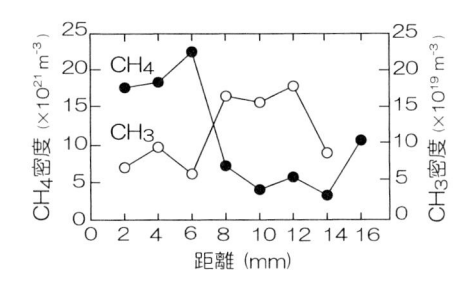

図 7.22 CARS による CH_x 測定
(S. Hadrich, B. Pfelzer, J. Uhlenbusch: Plasma Chem. Plasma Processing, Vol.19, p.91, 1999 より転載.)

と呼ばれる．

整合条件を満たしたときの放出散乱光の強度は

$$I(\nu_3) \approx N^2 I(\nu_1)^2 I(\nu_2) \tag{7.36}$$

となる．ここで，N は対象分子の密度である．感度が非常に高く，特定の k_3 方向にのみ放出されるので，空間分解能に優れている．実験的には ν_2 を連続的に掃引すると，周波数 ν_3 のスペクトルが得られる．レーザー光を空間的に掃引すると，ラジカルの空間分布が計測できる．図7.22にマイクロ波放電によるメタン CH_4 プラズマ中の CH_4，およびメチルラジカル CH_3 密度の空間分布を示す．

演 習 問 題

7.1 3次元のマクスウェル速度分布関数を使って以下に答えよ．
  (1) 速度の絶対値を v として，$\int_0^{+\infty} G(v)dv = n_p$ となる速度分布関数 $G(v)$ を求めよ．また $G(v)$ の概形を描け．
  (2) エネルギーを $W = (1/2)mv^2$ とするとき $\int_0^{\infty} F(W)dW = n_p$ となるエネルギー分布関数 $F(W)$ を求めよ．また $F(W)$ の概形を描け．
  (3) 速度の平均 $\overline{v} = \frac{1}{n_p}\int_0^{+\infty} vG(v)dv$ とエネルギーの平均 $\overline{W} = \frac{1}{n_p}\int_0^{\infty} WF(W)dW$ を計算せよ．

7.2 以下に答えよ．
  (1) 平板表面の単位面積単位時間あたりに入射する粒子流束 Γ が速度分布関数 $G(v)$ を使って下式で表されることを示せ．

$$\Gamma = \frac{1}{4}\int_0^{\infty} vG(v)dv.$$

  (2) 上問の $G(v)$ 結果を使って Γ を計算せよ．

7.3 負電圧 $-V_p$ を印加した球プローブ (半径 a) に，エネルギー分布関数 $F(W)$ をもつ電子が速度 v で入射する．エネルギーは $W = (1/2)m_e v^2 = eV$ のように電圧 $V(\mathrm{eV})$ で表すものとする．
  (1) 電子は負電位によって散乱されるので，プローブの実効表面積は $\pi a'^2 = (1 - eV_p/W)\pi a^2$ となることを示せ（ラザフォード散乱）．
  (2) プローブに入射する電子電流は次式となることを示せ．A はプローブ表面積とする．

$$I_e = -\frac{eA}{4}\int_{eV_p}^{\infty} F(W)\sqrt{\frac{2W}{m_e}}\left(1 - \frac{eV_p}{W}\right)dW.$$

(3) 被積分関数全体を $dg(E)/dE$ と置くことによって次の関係を示せ.

$$F(W) = \frac{4}{Ae^2}\sqrt{\frac{m_e V_p}{2e}}\frac{d^2 I_e}{dV_p^2}.$$

7.4 図 7.6 に示す静電偏向型と磁界偏向型エネルギー分析器のそれぞれに，シース電圧 V_{sh} で加速された質量 m_1 と m_2 の 1 価の正イオンが入射した．シース内の衝突は無視できるものとする．シース端のイオンエネルギーはどちらも W_i とし，V_{sh} は既知とする．

(1) 静電偏向型エネルギー分析器で質量の区別は可能か．質量を区別するにはどのようにしたらよいか．

(2) 磁界偏向型エネルギー分析器で質量の区別は可能か．質量を区別するにはどのようにしたらよいか．

7.5 マイクロ波（周波数 ω）透過法でプラズマ密度を測定する．間隔 L の平行平板間 ($|x| \leq \frac{L}{2}$) で $n(x) = n_0 \cos(\frac{\pi}{L}x)$ のコサイン分布しているプラズマにマイクロ波を x 方向に透過させる．透過した電磁波 $I_A = A\sin(\omega t + \theta)$ と参照用の電磁波 $I_B = B\sin\omega t$ の積をとり，位相差 θ を検出する．

(1) 検波出力 $I = I_A I_B$ の時間平均値 $\bar{I}$ は位相 θ とどういう関係があるか．

(2) $\omega \gg \omega_{pe}$，$\omega \gg \nu_e$ のとき，位相差が 2π となるプラズマ密度 n_0 を求めよ．

8 エネルギーとエレクトロニクスへのプラズマ応用

8.1 制御熱核融合の原理

　グローバルな経済活動に伴うエネルギーの消費はますます増えていく反面，石油，天然ガスなどの埋蔵量には限りがある．また，埋蔵地域が偏在しているため，紛争の種にもなっている．それに対して核融合は，太陽の中で起こっている反応と同じであり，燃料資源が無尽蔵で地域的に偏在しない，地球温暖化ガスの発生がない，核不拡散条約の対象となるプルトニウムやウランなどの核燃料物質が関与しないことなど，多くの利点がある．加えて近年では，安全安心社会構築の観点からの新エネルギー開発が嘱望されている．現在，核融合は，その反応で開放されるエネルギーを電気エネルギーや熱エネルギーの形態に変換して，われわれの生活，産業，運輸などの平和目的に利用することを目指して，「地球上で人工太陽を」の目的の下に開発が続けられている．

　核融合は二つの原子核（たとえば重水素と三重水素）が融合し，重い原子核（ヘリウム）に変換される反応（図8.1）であり，その際に生じる質量欠損により莫大なエネルギーが放出される．しかしながら原子核同士は正の電荷をもっておりクーロン力により反発してしまうため，この反応は容易には起こらない．このクーロン力に打ち勝つ程度まで原子核が加速され，クーロン障壁を乗り越えて核力が作用するまでに接近すると，原子核同士が融合する反応が起こる．このときに必要な原子核のエネルギーを温度に換算すると数億度になり，核融合を実現するためには，きわめて高温の原子核，すなわち正イオンを有するプラズマを形成する必要がある．

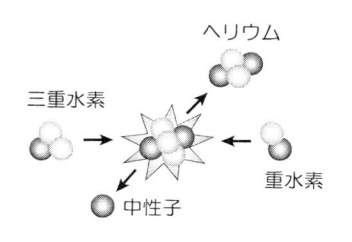

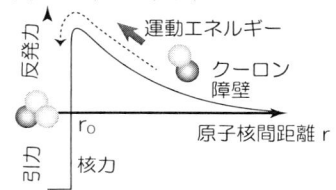

図 8.1　核融合反応の模式図とポテンシャル

核融合反応の種類はきわめて多いが，核融合炉で応用する核反応は資源的に豊富であることや反応が起こりやすいことなどの理由により以下のものが考えられている．

$$D + D \rightarrow T + p + 4.04 \text{ MeV}, \tag{8.1}$$

$$D + D \rightarrow {}^3He + n + 3.27 \text{ MeV}, \tag{8.2}$$

$$D + T \rightarrow {}^4He + n + 17.58 \text{ MeV}, \tag{8.3}$$

$$D + {}^3He \rightarrow {}^4He + p + 18.29 \text{ MeV}. \tag{8.4}$$

ここで，DとTはそれぞれ重水素と三重陽子（トリチウム），pは陽子，nは中性子，^{3}Heと^{4}Heはそれぞれ質量数が3と4のヘリウムである．核融合反応が起こると右辺に示したエネルギーが開放され，反応により生じた粒子の運動エネルギーとなる．それぞれの生成粒子には質量の逆比でエネルギーが配分される．

図8.2は，これらの核融合反応の断面積と粒子の衝突運動エネルギーの関係を表す．この断面積は実験室系のエネルギーに対するものであり，衝突運動エネルギーは静止した一方の粒子に対して入射する他方の粒子の運動エネルギーである．反応式 (8.1) と (8.2) の断面積はほぼ等しい．つまりこれらの反応はだいたい同じ確率で起こる．比較的低いエネルギーで反応が起こりやすいのは反応式 (8.3) のD–T反応である．そのつぎがD–^{3}He反応であるが，D–T反応に比べればはるかに起こりにくく，D–^{3}He反応を利用する核融合炉はそれだけ難しい．このため，最初に実現できる核融合炉はD–T核融合炉であり，D–^{3}He核融合炉やD–D核融合炉の実現はそのあとになる．

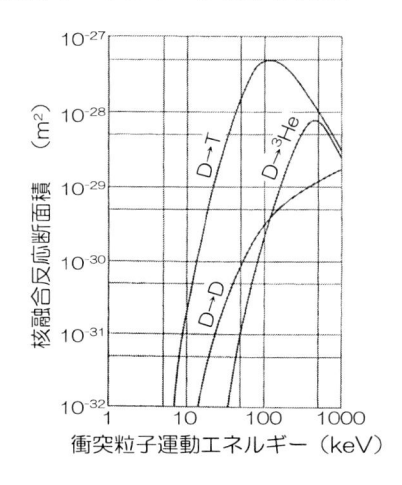

図 **8.2** 核融合反応断面積の衝突粒子運動エネルギー依存性

D–^{3}He反応にかかわる粒子はすべて安定な荷電粒子であり，核融合炉に利用すれば放射性物質が生じない利点がある．しかし燃料に重水素が含まれる限り，炉心では反応式 (8.4) のみならず反応式 (8.1)，(8.2)，さらには反応式 (8.1) で生じたトリチウムによる反応式 (8.3) も合わせて起こるので，量は少なくなるも

のの放射性物質の発生は避けられない．^{3}He は地球にはほとんど存在しないが，月面には豊富に存在するため，D–^{3}He 核融合炉は宇宙開発と関連して考えられている．

将来 D–D 核融合炉が実現したとして，炉の中で反応式 (8.1) から反応式 (8.4) までのすべてが起こるとすると，これらを足し合わせれば

$$6D \rightarrow 2\,^4He + 2p + 2n + 43.2 \text{ MeV} \tag{8.5}$$

となり，重水素 1 個あたり 7.2 MeV のエネルギーが得られる．重水素は海水中に豊富に存在するため，核融合燃料は無尽蔵であるとともに偏在性がない．一方，D–T 核融合炉の燃料であるトリチウムは半減期が約 12 年で β 崩壊するので，ほとんど存在しない．このため，資源的に多いリチウムに D–T 反応で発生する中性子を吸収させて，次の反応によりトリチウムを核融合炉で再生産しなければならない．

$$^6Li + n \rightarrow \,^4He + T + 4.8 \text{ MeV}, \tag{8.6}$$

$$^7Li + n \rightarrow \,^4He + T + n - 2.5 \text{ MeV}. \tag{8.7}$$

この目的で D–T 核融合炉の炉心のまわりをリチウムで取り囲む．これをブランケットと称している．D–T 核融合炉ではまた，反応式 (8.7) の ^{4}He，つまりアルファ粒子の運動エネルギーでプラズマが加熱される．

高温プラズマはそれを構成する荷電粒子間のクーロン衝突の結果，熱平衡分布を保っている．図 8.3 に熱平衡エネルギー分布を示す．エネルギーが高い領域を熱外エネルギー領域といい，この領域にある粒子のエネルギーは平均エネルギーより高い．熱平衡系ではクーロン衝突により，あるエネルギー領域の粒子が失われても，必ずほかの粒子がそのエネルギー領域に入ってくることにより図 8.3 のエネルギー分布が定常的に保たれる．

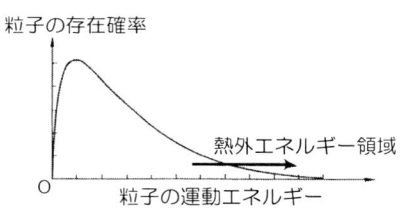

図 **8.3** 熱平衡エネルギー分布
(プラズマ・核融合学会編：「プラズマの生成と診断――応用への道」，p.341，図 6.31，コロナ社，2004 年より転載．)

熱平衡分布を形成する燃料粒子のうち，核融合反応を起こしてエネルギー生成に寄与するのは，ごく一部の熱外エネルギー領域にある高エネルギー粒子である．

D–T 核融合炉では，10 keV 程度の平均エネルギーに燃料を加熱すれば，中に含まれる熱外エネルギー領域のイオンが引き起こす核融合反応により，十分なエネルギーを取り出すことができる．

こうして，いったん高温プラズマを発生してプラズマ内で核融合反応が起こり，アルファ粒子加熱によりプラズマの温度を維持できる条件が満たされれば，核融合反応は持続する．熱平衡分布のプラズマ中で起こる核融合反応を熱核融合反応という．外部からエネルギーを入力して核融合エネルギーを引き出す系として，最も高いエネルギー効率が得られるのは，熱核融合反応を利用するものである．このために核融合炉では炉心の燃料を高温プラズマ状態にする．

8.2 核融合プラズマによる発電

つぎに，核融合プラズマによる発電について考える．図 8.4 は核融合炉のエネルギーの流れを単純化して表したものである．炉心で核融合反応を起こさせるには，外部から加熱入力 P_i を投入する．このパワーとアルファ粒子加熱パワーにより，炉心では核融合反応が持続する．炉心プラズマは，核融合発電で得た電力の一部 P_d で発生したビームや電磁波のパワーで加熱される．プラズマ加熱装置の電力から加熱パワーへの変換効率を η_d とする．発電電力の一部は冷却用ポンプや発電所の光熱源など，補助機器のための電力 P_{anc} にも使用される．炉心プラズマでは核融合出力 P_f が発生する．P_f はアルファ粒子加熱パワー P_α と中性子のパワー P_n の和である．P_n はブランケットに入り，ブランケットから熱出力 MP_n が出てくる．ここで M はブランケットのエネルギー増倍率である．

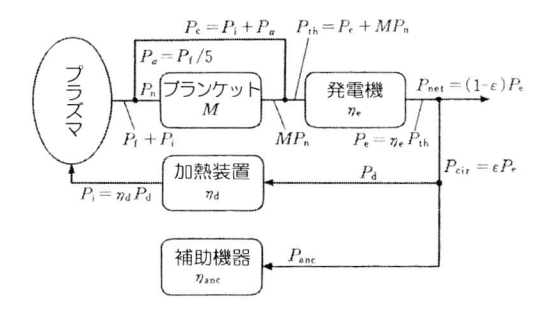

図 8.4 核融合炉のエネルギーの流れ
(プラズマ・核融合学会編：「プラズマの生成と診断——応用への道」，p.342，図 6.32，コロナ社，2004 年より転載．)

結局，炉心プラズマとブランケットの系からは，入力パワー P_i と炉心プラズマとブランケットで起こる核反応の結果生じる熱出力とを合わせた，合計

$P_{th}(=P_i+P_\alpha+MP_n)$ の熱出力が出てくる．この熱出力は発電機に入り，効率 η_e で電力に変換される．この電力のうち割合にして ε で表される部分は，発電所内の循環電力として核融合炉の運転に費やされ，残りの割合 $1-\varepsilon$ が発電所の正味出力として外に出ていく．

図 8.4 において，炉心のエネルギー増倍率 Q を次のように定義する．

$$Q = \frac{核融合出力}{プラズマ加熱入力} = \frac{P_f}{P_i}. \tag{8.8}$$

炉心プラズマとしては Q が大きいことが望ましく，Q は閉じ込め性能を表す指標として使われている．$Q=1$ の場合を臨界プラズマ条件，また $Q=\infty$ を自己点火条件という．自己点火条件は入力 P_i がなくてもアルファ粒子加熱だけで炉心プラズマが持続する条件である．火力発電や原子力発電などではこの条件は簡単に満たされているが，核融合炉の定常運転のためには通常は加熱入力が必要であり，この場合は有限の Q 値で運転することになる．

核融合炉で必要な Q の値を決めるために，次の式で定義されるプラント効率 η が用いられる．

$$\eta = \frac{正味電気出力}{全体熱出力} = \frac{P_{net}}{P_{th}} \tag{8.9}$$

プラント効率は，炉心とブランケットの系からの熱出力が発電所からの正味の電気出力に変換される割合を表し，$\varepsilon \to 0$ のとき発電機の効率 η_e に近づく．経済性のよい発電所であるためには，30%以上のプラント効率が要求される．

図 8.5 はプラント効率と炉心プラズマのエネルギー増倍率 Q の関係を表す．プラント効率は Q の増大とともに飽和するので，核融合発電としては Q が 30 程度以上あれば十分であることがわかる．Q は炉心プラズマ閉じ込め装置の性能を表す指標であり，閉じ込められたプラズマの密度，温度，エネルギー閉じ込め時間と密接に関係する．縦軸に密度と閉じ込め時間の積をとり，横軸に温度をとって描いた図をローソン図といい，図 8.6 にその年代ごとの発展を示す．

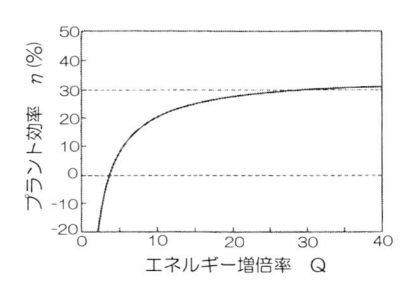

図 8.5 プラント効率と Q の関係

図中には $Q=1$ の臨界プラズマ条件領域と $Q=\infty$ の自己点火条件領域を示しており，1990 年代には大形トカマクで臨界プラズマ条件 $Q=1$ を達成したこ

とを示している．一方，国際協力により設計が進められている ITER（国際熱核融合実験炉）では，自己点火条件を含む閉じ込め性能の達成が目標とされている．ローソン図のほかに，密度，温度，閉じ込め時間の積を縦軸に，プラズマ中心の温度を横軸にして描いた図が，閉じ込め性能を表すために用いられることもある．密度，温度，閉じ込め時間の積は核融合積，あるいは核融合パラメータと呼ばれている．

現在，核融合プラズマ装置には複数種類の方式があり（図 8.7），日本，アメリカ，ヨーロッパ，ロシアを中心とする磁気閉じ込め核融合のトカマク方式が最も進んでいる．トカマク方式に続く磁気閉じ込め核融合のヘリカル方式は日本とドイツ，慣性核融合のレーザー方式は日本，アメリカ，フランスが研究をリードしている．

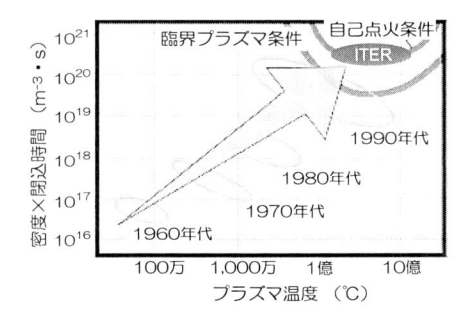

図 8.6 プラズマ閉じ込め性能を表すローソン図

核融合エネルギー実現のためには，プラズマの研究のみならず，核融合炉の非常に高い温度，中性子の照射などに耐えうる材料の開発や，核融合で生まれた熱を取りだして発電に使うとともに，燃料のトリチウムを生産できるブランケットと呼ばれるシステムを構築する必要がある．このようなプラント規模での発電を実証することを目標としているのが，「実験炉」の次の段階である「原型炉」であり，原型炉による発電が実証されれば，あとは商用化に向けて信頼性の向上と経済性の追及を行うことになる．

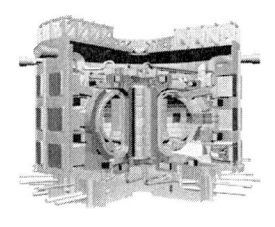

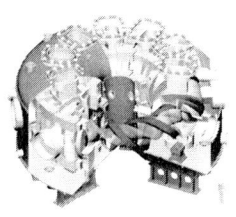

トカマク方式　　ヘリカル方式　　レーザー方式

図 8.7 各種核融合プラズマ装置

8.3 低温プラズマプロセス——薄膜形成

プラズマプロセスによる薄膜形成は，プラズマの特性を利用して，特定物質を基板表面に堆積させて，ある厚みの層を形成させるものである．具体的には，①プラズマ化学気相堆積法，②スパッタ堆積法，③プラズマ重合法などさまざまなものが使い分けられ，各方式中でのプラズマの役割も多様である．また，最近では酸化膜，窒化膜，アモルファスシリコン薄膜，ダイヤモンド薄膜，プラズマ重合膜，超電導薄膜の形成など，特殊な機能を材料表面に付与する目的のものが大部分であり，後述の表面改質とも関連が深い．

8.3.1 プラズマ化学気相堆積法

従来の化学気相堆積（CVD）法は，1000°C前後の高温に保たれた基板表面に，堆積させようとする物質を含むガスを接触させ，純粋に熱的な分解反応により固体膜を析出させる方法であった．プラズマCVDでは，導入される反応性ガスの非平衡プラズマ中に起こる化学反応を利用する．具体的には，図8.8に示すように，①プラズマ中のエネルギー1～10 eVの電子と分子との衝突の結果起こる解離・励起・電離による各種の中性原子（ラジカル）やイオンなどの化学的活性種の生成，②

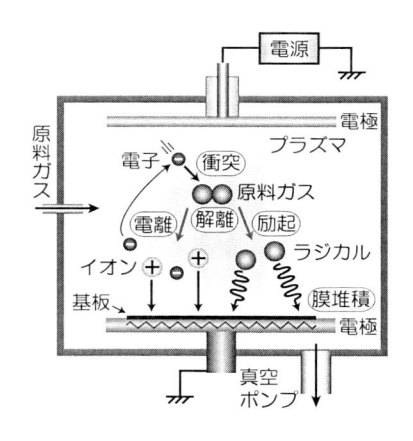

図 8.8 プラズマ CVD 法の概念

これら活性種が関与した化学反応による生成物の出現，③これら生成物の基板表面への輸送（ドリフト，拡散）による吸着，表面反応，衝撃などの過程を経て，比較的低温（200～300°C）の基板温度でも表面に薄膜が形成される．

たとえば，シラン（SiH_4）ガス（10～100 Pa）から生成されるプラズマでは，シリコン（Si）と水素（H）の複雑多岐な結合により，多種類のラジカルやイオンが生成されるが，結果的に $SiH_4 \rightarrow Si + 2H_2$ の形で SiH_4 が分解され，非晶質（アモルファス）Si 膜が基板上に析出，形成される．これは太陽電池，そのほかの電子デバイス用薄膜の製造に多く利用されている．

実際に，これらのプラズマ CVD 法を実施するにはいろいろの方式があるが，①容量結合型プラズマ方式（図 8.8，6.3.1 項参照），②誘導結合型プラズマ方式（図 8.9，6.3.2 項参照），および③ECR プラズマ方式（図 8.10，6.5.1 項，6.5.2 項参照）がよく利用される．

①の容量結合型プラズマ方式では，電極表面のイオンシースの電位降下による基板へのイオン照射エネルギーがあまり過大にならないように電極構造の工夫が必要であるが，条件の選定次第で大面積均一膜厚の薄膜形成が可能なため広く活用されている．②の誘導結合型プラズマ方式の場合，基板はプラズマ領域からある程度離して設置されるため，過度のイオン加速による衝撃や紫外線による薄膜の損傷も少ないという利点があるが，一方，薄膜形成速度が小さいという欠点がある．また，③の ECR プラズマ方式では，10^{-2} Pa 程度の低ガス圧で安定にプラズマ生成が可能であること，ガス分子の分解・イオン化効率を上記 2 方式と比較して 2〜3 桁高められること，また磁界分布と基板表面のシース電界の制御によって，イオンの基板への衝撃エネルギーを 10〜20 eV と適当な値に選び，基板に損傷を与えずに膜形成反応を促進させ得る利点があり，たとえば超 LSI の製造過程中での絶縁 Si_3N_4 膜（母ガス：$SiH_4 + N_2$）や SiO_2 膜（母ガス：$SiH_4 + O_2$）の形成では，生成膜の品質を落とさずに 20〜100 nm/min の高成長速度を実現している．これらのほかに，超 LSI での配線用アルミニウム膜形成や新しい半導体（たとえば GaAs）の結晶成長などへの応用も急進展している．

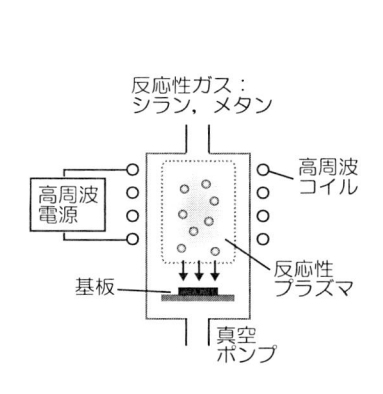

図 8.9　誘導結合型プラズマ CVD 法

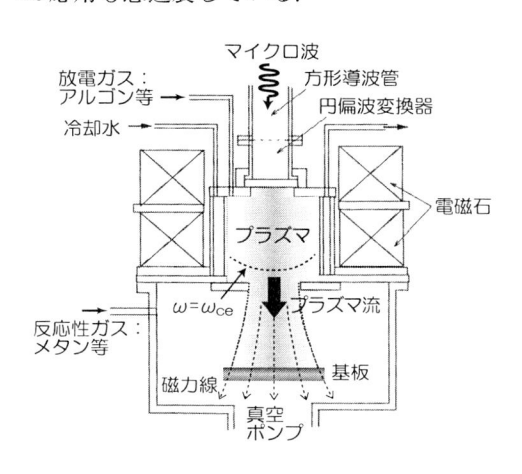

図 8.10　ECR プラズマ CVD 法

8.3.2 スパッタ堆積法

プラズマ中のイオンが固体表面を叩くと，その入射イオンの質量が固体表面の原子の質量より小さいと表面で反射（後方散乱）が起こり，逆の場合にはその運動量が表面原子に与えられ，それが多くは原子状のまま，10〜20 eV 程度の運動エネルギーをもって外に叩き出され（削り取られ），次第に巨視的な穴が掘られていく．これをスパッタと呼ぶ．この場合，表面への入射イオン 1 個あたり何個の固体原子（分子）がはじき出されるかの割合をスパッタ率と呼ぶ．

このスパッタを利用して，スパッタされる材料（ターゲット）の原子・分子（スパッタ粒子）を他の固体基板上に堆積させる薄膜形成法をスパッタ堆積法と呼ぶ（図 8.11）．これは，主に金属膜やセラミック材料膜の高速コーティング法として実用されているもので，これを実施するうえで最も重要なことは，できるだけ高密度のプラズマを生成し，その中のイオンをターゲット表面に衝突させることにより，効率のよいスパッタ過程を実現することである．この目的のため，陰極をターゲット材料とし，陽極上に薄膜形成のための基板を設置した平行平板電極型の直流および高周波放電プラズマスパッタ方式や，さらなる効率改善を狙ったマグネトロンスパッタ方式が開発されている．平行平板電極型高周波プラズマスパッタ方式（図 8.11）は，前述の容量結合型プラズマ CVD 装置（図 8.8）と類似しているが，材料をスパッタさせるターゲット電極が設置されているところが異なる．

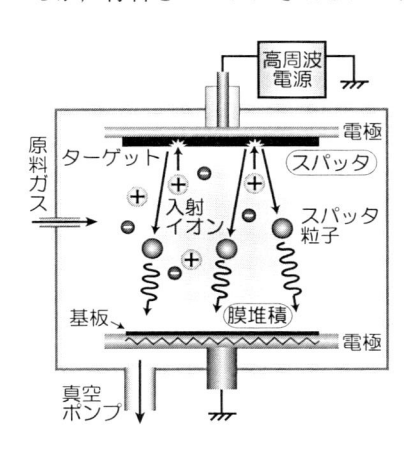

図 8.11 プラズマスパッタ堆積法の概念

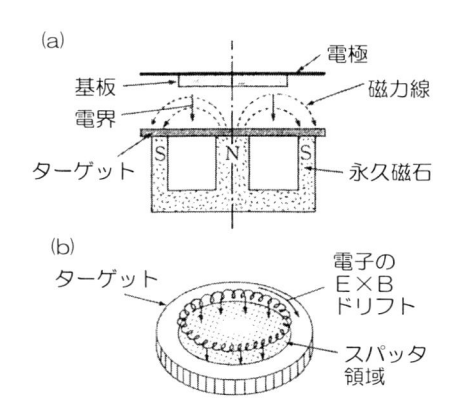

図 8.12 マグネトロンプラズマスパッタ
(関口忠：「プラズマ工学」, p.247, 図 10.5, 電気学会, 1997 年より転載.)

一方，マグネトロンスパッタ方式（図 8.12, 6.2.4 項）では，円盤状平行平板電極配位の金属ターゲット板の裏側に適当な形状の永久磁石を設け，その表面領域に発散状の磁力線分布を作る．両電極間の空間には直流または高周波電界が加わっているので，この空間内の，たとえばアルゴンプラズマ中の電子サイクロトロン円運動に $E \times B$ ドリフト運動が加わって，図 8.12(b) に示すように，ターゲット面に平行の面内で回転軌道運動を行い，ときどき起こる中性原子との衝突でそれをイオン化する．結果的に電子の寿命が長くなり，低ガス圧でも十分な電子生成が起こり，高い密度のプラズマが得られ，これによってスパッタ速度の著しい向上が可能になる．

8.3.3　プラズマ重合

メタン，エタン，ベンゼンなどの有機系炭化水素同士は，常温のままでは通常重合を起こさないが，これらを反応ガスとして，いろいろな放電形式（直流，高周波，マイクロ波放電など）によってプラズマを生成すると，プラズマ空間内で多くの種類のラジカルが生じ，さらにそれらの間で複雑な化学反応を起こして高分子物質が生成され（重合），それが固体表面に吸着され膜が形成される．これをプラズマ重合膜と呼び，このような膜は機械的に強く，化学的にも安定なことが多いので，各種の保護膜や半透明膜の形成，そのほか広い応用分野をもつ．

1960 年代の初期のころから，静電コンデンサ用高分子誘電体薄膜，化学工学用の分離膜の合成などを目的に開発が進められたが，現在ではきわめて広範な応用が図られている．この種のプラズマ状態とそのなかで起こる化学反応はきわめて複雑で，なお不明な部分も多い．応用範囲がきわめて広いだけに，現在様々な目的に向けて装置技術を含め，開発が行われている．

8.4　低温プラズマプロセス——エッチング

8.4.1　プラズマエッチングの原理

非平衡プラズマ中に生成される化学的活性度の高い中性原子（ラジカル）やイオンによる物理／化学スパッタ現象を利用して固体表面の一部を削り取り，所望の形状をもつ孔や溝のパターンを形成させる技術をプラズマエッチングと呼ぶ．半導体集積回路（LSI）などの製造技術の一つとして広く実用化されており，なお急速に発展しつつある．なお，プラズマによるエッチングの場合，化学薬品を

用いないのでドライエッチングとも呼ばれる．

図 8.13 に示すように，エッチング対象の材料基板の表面にあらかじめ塗布したレジストと呼ぶ保護膜（厚み 1 μm 前後）のすき間にプラズマ粒子を衝突させて，寸法 1 μm 以下の孔や溝のパターンを形成させるもので，最近では集積度の上昇，一度に加工できる材料表面直径の大形化（15〜20 cm 以上），高速処理および高品質化などの複数の要求がなされており，その実現に向けて研究開発が進められている．

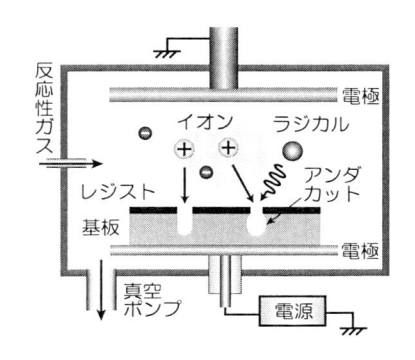

図 8.13 プラズマエッチングの概念

8.4.2 異方性エッチング

図 8.13 に示したアンダカットができるのは，溝（孔）の深さ方向だけでなく，その側壁面もエッチングされてしまうことに起因する．原因としては，方向性のない中性ラジカルによる自発的エッチング反応，イオンの斜め入射による側壁面への照射，入射イオンの溝（孔）底面からの反射や中性粒子との衝突による側壁照射などであり，これらを回避するためのいろいろな工夫が試みられてきた（異方性エッチング）．その主なものを列挙すると，①比較的低圧力（0.1 Pa 以下〜1 Pa 程度）で，ある程度以上（> 100 eV）のエネルギーをもったイオンをできるだけ表面に垂直入射させる．②適当なエッチャントの選択により側壁面に酸化物や窒化物の保護膜を形成させる．③低温エッチングと呼ぶ方法の採用：被加工面を $-50 \sim -150°C$ に冷却して，中性ラジカルの側壁面との反応を凍結し，また場合によっては反応生成物の側壁への付着による保護膜形成を促進させる，などである．なお，一つの加工工程中に特定の材料（たとえば Si）だけを選択的にエッチングし，ほかの材料（たとえば SiO_2）はエッチングしないようにとの「選択性」が要求される場合もある．

8.4.3 反応性イオンエッチング

反応性イオンエッチングは，イオンの物理的なスパッタ効果とラジカルの化学的なエッチング効果の相乗効果によって，異方性に優れたエッチングを実現できることから，LSI 製造工程のエッチング装置として普及している．

原理としては，図 8.14 に示すように，反応性ガスに高周波電力を印加しプラズマを発生させ，同時に基板を置く電極に高周波電圧を印加することで基板とプラズマの間に自己バイアス電位が生じ（図 6.14 参照），プラズマ中のイオンが基板方向に加速されて衝突する．その際，イオンによるスパッタリングと反応性ガスの化学反応が同時に起こり，微細加工に適した高い精度での異方性エッチングが行える．これは，前項の異方性エッチングを実現する手法のうち，①の高エネルギーイオンを材料表面に垂直入射させることに対応している．

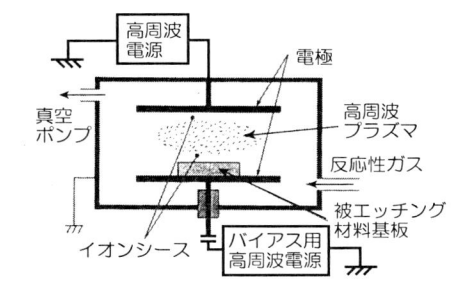

図 8.14 反応性イオンエッチング装置

8.5 低温プラズマプロセス——表面改質

8.5.1 表面改質の原理

スパッタをはじめとする，いろいろな形でのエネルギー入力によって発生した特定物質の原子・分子と，主にプラズマ電子との間の衝突によって，化学的に活性な中性分子（ラジカル）やイオンを生成し，プラズマ空間内で化学反応を起こさせ，それを目的に応じた機能性（たとえば耐腐食性，耐熱性など）化合物薄膜として固体表面上に堆積させることを，表面改質と呼ぶ．

一方，固体表面に特定の機能を与える目的は同じであるが，堆積薄膜形成とは異なる概念のものがある．プラズマ中に生成されるラジカルやイオンを基板表面領域に接触，侵入させ，化学反応によりある程度の深さまで，目的の機能をもつ層を形成させる方法である．たとえば，シリコン (Si) 表面にその窒化物層を形成させ，酸化や不純物拡散への阻止能力の高い電気的絶縁膜として機能させたい場合がある．その例として，NH_3，N_2 および H_2 の混合気体（$10^1 \sim 10^3$ Pa）を反応性ガスとして供給し，高周波プラズマ（周波数 100 kHz～100 MHz：電力～10 kW）を発生させ，そのなかに Si 基板を浮遊電位状態または適当な負電位直流バイアス電位の下に設置する．この場合，基板温度を 1000°C 程度に保つと 2～3 時間で窒化膜厚 10 nm 以上が得られる．

8.5.2 イオンプレーティング

基板表面に高いエネルギー（数百 eV～数 keV）まで加速したイオンを外部からある深さまで打ち込み，強固な機能層を形成させる手法をイオンプレーティングと呼ぶ．直流または高周波の放電プラズマが用いられるが，後者の一例を図 8.15 に示す．

1 個の平板電極とそれに接着した基板（金属，プラスチック，セラミックスなど），基板に打ち込むべき物質（金属の場合が多い）と，それを蒸発させるための機構および高周波コイルを真空器内に設置し，アルゴンガス（0.1～10 Pa 前後）を供給しながら高周波プラズマを生成する．このとき，直流電源（数百 V～数 kV）によって蒸発源は上側電極に対し正にバイアスされているので，基板表面に厚いシースが形成され，アルゴンプラズマ中に生成される蒸発物質の正イオン（電子による衝突電離や Ar^+ イオンとの荷電交換などによる）が，ここで加速されて，100 eV 以上のエネルギーで基板内に打ち込まれる．なお，たとえばチタン (Ti) やアルミニウム (Al) などの金属を蒸発物質とし，それに窒素 (N) や酸素 (O) を含む反応性ガスプラズマを生成することにより，基板表面に TiN，TiC などの耐摩耗層を，また高温耐熱材料であるアルミナ (Al_2O_3) 層を形成させるなど，熱的，化学的，または機械的にきわめて強固な膜形成が可能であり，広範な利用が行われている．

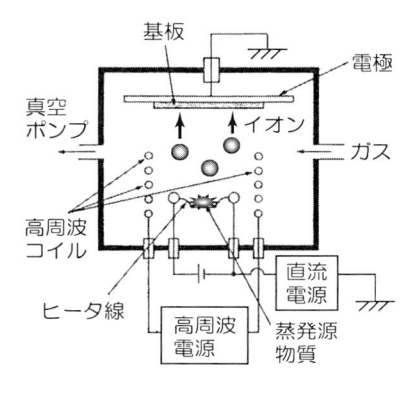

図 8.15 イオンプレーティング装置

8.6 光源へのプラズマ応用

8.6.1 照明への応用

放電プラズマを利用した光源は白熱電球に比較して効率が高いことから多く用いられている．放電ランプの種類とその放電方式を図 8.16 に示す．

蛍光ランプは蛍光体を塗布し両端にコイル状の電極をもった放電管に，アルゴン 300 Pa 程度と水銀を数 mg 封入している．アルゴンと水銀のペニング効果により比較的低い電圧で放電する．水銀の共鳴線である 253 nm の紫外線が入力電

| 放電ランプの種類 | 放電方式 |

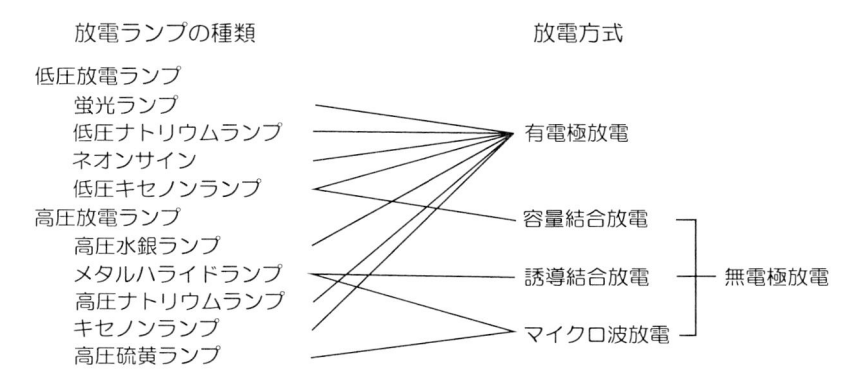

- 低圧放電ランプ
    - 蛍光ランプ
    - 低圧ナトリウムランプ
    - ネオンサイン
    - 低圧キセノンランプ
- 高圧放電ランプ
    - 高圧水銀ランプ
    - メタルハライドランプ
    - 高圧ナトリウムランプ
    - キセノンランプ
    - 高圧硫黄ランプ

放電方式:
- 有電極放電
- 容量結合放電 ─┐
- 誘導結合放電 ─┼─ 無電極放電
- マイクロ波放電 ─┘

図 8.16　放電ランプの種類と放電方式
(プラズマ・核融合学会編:「プラズマの生成と診断——応用への道」, p.288, 図 6.1, コロナ社, 2004 年より転載.)

力の 60％近い高効率で放射され，この紫外線によって蛍光体を励起し可視光に変換する．それゆえ可視領域への放射効率は 28％前後となる．

高圧放電ランプは輝度が高いことから HID (high intensity discharge) ランプと呼ばれる．たとえば，高圧ナトリウムランプでは透明な酸化アルミニウム（アルミナ）のチューブの両端にタングステンを巻き付けた電極を封止し，ナトリウムと水銀のアマルガムを希ガスとともに封入している．点灯中は発光管温度が 1000°C 程度，アマルガムの動作温度が 700°C 程度となり，水銀の蒸気圧は 53 kPa 程度となって放電の緩衝ガスとして働き，放電電圧を高め放電電力がプラズマに効果的に投入される役割を果たす．発光金属であるナトリウム蒸気圧は 9 kPa 程度となる．

ナトリウムの放射スペクトルは人間の目の最も視感度が高い 555 nm に近い 589 nm，590 nm の D 線であるが，ナトリウム蒸気圧が高いために自己吸収を起こし，D 線の放射は弱まりその両側に広がったスペクトルが放射されるが，その放射効率は 35％に達する．したがってその光源としての効率は非常に高い．

近年は地球環境的に無水銀化が図られつつあり，高圧ナトリウムランプもキセノンなどの希ガス圧を高くしてランプ電圧を高める工夫をし，金属ナトリウムのみを封入した無水銀ランプが実用化されている．最近はさらに空洞共振器を用いたマイクロ波放電，あるいは誘導結合を用いた無電極放電システムが研究され，一部実用化されている．無電極放電になると放電容器壁以外はないために，反応

性の強い封入物でも使用できる．硫黄を用いた放電管がこの例である．1000°C に近い管温度にすると硫黄の蒸気圧は数ないし十数気圧となり，人間の視感効率曲線に近い分布をもった放射スペクトルとなり，放電管入力の実に 60% が可視域に放射される．またマイクロ波放電プラズマ中における超微粒子生成サイクルを用いて，超微粒子の表面に可視域の定在波を立て，選択的に放射させるクラスタランプも研究されている．

8.6.2 レーザーへの応用

レーザーは発振の媒質により気体レーザー，液体レーザー，固体レーザーの 3 種類に分類される．気体レーザーの多くはプラズマが利用されている．

プラズマ中にある粒子のエネルギー分布はボルツマンの関係式に従い，エネルギーの低い準位にある粒子数を n_1，高い準位にある粒子数を n_2 とすると熱平衡の条件のもとでは通常は $n_1 > n_2$ である．それぞれのエネルギーを E_1, E_2 とすると，式 (8.10) の関係が成り立つ．

$$n_2 = n_1 \exp\left(-\frac{E_2 - E_1}{\kappa T}\right) \quad (8.10)$$

ここで，T は粒子の温度を表す．プラズマ中の粒子は電子などの衝突によりエネルギーを得て，より高い順位へ遷移し，粒子全体のエネルギーの分布状態が変わる．条件によっては，$n_2 > n_1$ となり，上準位にある粒子が下準位にある粒子より多くなる．これを反転分布の状態という．プラズマ中のイオンや励起粒子が下準位へ遷移すると準位のエネルギーの差に応じた波長をもつ光が放出される．媒質にその波長による定在波を生じるように共振器を設けると，プラズマ中には入射光と同一の波長，同一の位相をもつ波の集まりが発生する．すなわち，発生は入射光に従う性質をもって現れる．この現象を誘導放出という．出力光はつぎの光放出の入射光となる．このように誘導放出により光子密度は増幅されていき，出力光は共振器から外部に取り出される．これをレーザー（laser）という．

気体レーザーを励起粒子の種類によって分けると次の 4 種になる．

(1) 励起原子による発振（中性原子レーザー）
(2) 励起イオンによる発振（イオンレーザー）
(3) 励起分子による発振（分子レーザー）
(4) 励起原子やイオンが励起状態でのみ新たな分子を作り，上準位粒子となって発振（エキシマレーザー）

ここでは，一例としてプラズマが深く関与するエキシマレーザーについて概説する．クリプトンやキセノンなどの希ガスは安定であり分子を構成しない．ところが，電子ビームの照射やプラズマによって希ガスを励起すると，数ナノ秒（1 ns = 10^{-9} s）の短時間ではあるが2原子あるいは3原子からなる分子を構成する．励起された2量体（excited dimer）あるいは3量体（excited trimmer）との意味からエキシマ（excimer）と呼ばれる．

エキシマは励起の状態でのみ分子を構成し上準位粒子となるので，上準位から下準位に遷移したあとはすみやかに解離してもとの基底状態の原子に戻る．したがって，比較的容易に反転分布の状態になりやすく発生効率が高い．エキシマの発する誘導放出光がエキシマレーザーと呼ばれる．

クリプトンやキセノンなどの希ガスとフッ素や塩素のようなハロゲンガスが結合すると紫外線の領域に強い発光をもつエキシマとなる．塩化キセノン（$XeCl^*$），フッ化クリプトン（KrF^*），フッ化アルゴン（ArF^*）エキシマが代表的であり，それぞれ発振の中心波長はおおよそ308 nm，248 nm，193 nmである．希ガスとハロゲンガスとの組合せによるエキシマを希ガスハライドエキシマという．希ガスのみから構成されるエキシマもあるが，プラズマによる励起ではレーザー発振には至っていない．

発振の概要をKrFレーザーを例にとって説明する．エネルギー準位の概略を図8.17に示す．レーザーガス成分の一例としてはクリプトン2%，フッ素0.2%とし，残りはヘリウムあるいはネオンで希釈される．混合気体の全圧力は3気圧前後が多い．Kr^*～KrF^*～KrF～$Kr+F$の4準位系である．励起の条件によってはKr^*の代わりにKr^+となる場合もある．エキシマの生成過程で励起状態を経るものを励起チャネル，イオンを経る場合をイオンチャネルという．

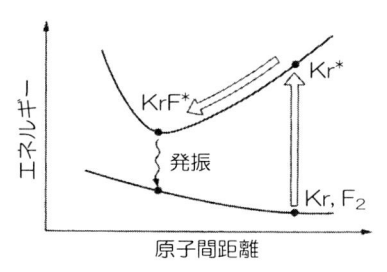

図 **8.17** エキシマレーザーの発振
（プラズマ・核融合学会編：「プラズマの生成と診断——応用への道」，p.296，図 6.8，コロナ社，2004年より転載．）

励起チャネルの場合

$$Kr + e(速い) \rightarrow Kr^* + e(遅い), \qquad (8.11)$$

$$Kr^* + F_2 \rightarrow KrF^* + F, \qquad (8.12)$$

8.6 光源へのプラズマ応用

$$KrF^* \to KrF + h\nu \text{ (波長約 248 nm)}, \tag{8.13}$$

$$KrF \to Kr + F \tag{8.14}$$

となり，イオンチャネルの場合はフッ素負イオン（フッ素は電子付着性の強い気体である）との反応により，エキシマが生成される．

$$Kr + e \to Kr^+, \tag{8.15}$$

$$F_2 + e \to F^- + F, \tag{8.16}$$

$$Kr^+ + F^- \to KrF^*. \tag{8.17}$$

式 (8.17) 以降の反応は式 (8.13) と式 (8.14) を経る．

エキシマレーザーは光子のエネルギーが大きいこと（ArF レーザーの場合 1 個の光子のエネルギーは約 6.4 eV である）より，化学結合の切断による材料表面の改質などに応用される．

8.6.3 プラズマディスプレイ

プラズマディスプレイパネル（PDP）はガス放電と蛍光体を組み合わせて表示するディスプレイである．約 1 m^2 の 2 枚のガラス基板の間に，0.5 mm 程度のミニチュア蛍光灯が数百万個配置されていると考えてよい．すなわち，封入された気体に電圧を加え気体を電離させる．生成したプラズマ中で励起した原子が下準位に遷移する過程が起こり，紫外線が放出される．カラー PDP では主として Xe の共鳴線である 147 nm の真空紫外線を利用している．真空紫外線はパネル内に形成された蛍光体を励起して可視光を発生する．光の 3 原色である赤，青，緑色の蛍光体材料をパネルの中に配置して，放電をコントロールしてそれぞれの色の明るさを変えると，それぞれ明るさの違う 3 原色が混色して，人間にはフルカラーに見える．

現在のカラー AC (交流) 形 PDP の構造は 3 電極面放電形と呼ばれる．図 8.18 はそのパネル構造を示している．互いに相対して対をなす表示電極群 (X,Y) が，前面ガラス基板上に形成されている．表示電極は透明電極と細い金属の補助電極（バス電極）とからなる．これらの表示電極は，誘電体層で被覆される．さらに，誘電体層は薄い MgO 保護層で被覆される．もう一方の基板には，ストライプ状のアドレス電極が形成される．さらに，アドレス電極に隣接するように隔壁が形成される．この隔壁は隣接セル間に生じる放電の影響を断つためと光のクロストーク

を防ぐための二つの働きをする．前面板の電極と蛍光体基板は約 100 μm のギャップを保って組み合わされる．この空間には Ne + Xe の混合ガスが 80 kPa 程度の圧力で封入される．

AC 形 PDP は壁電荷をコントロールして表示セルの ON，OFF の 2 値で制御して，画像表示を行う．輝度の制御は 1 秒間の発光回数を制御することで行う．放電制御を高速に行うために表示期間と選択期間を分離した高速階調駆動法（選択表示期間分離法，ADS 法）が採用され，256 階調の高い階調を実現している．

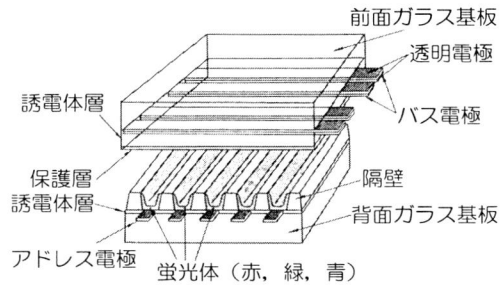

図 8.18 3 電極カラー PDP の構造
（プラズマ・核融合学会編：「プラズマの生成と診断——応用への道」，p.300，図 6.11，コロナ社，2004 年より転載．）

演 習 問 題

8.1 核融合の方式には，磁気閉じ込め核融合と慣性核融合があるが，それぞれの方式の概要を説明せよ．また，それぞれの長所を述べよ．

8.2 半導体産業で重要な技術であるプラズマを用いた固体表面への薄膜形成には，いくつかの方法がある．主なものを説明し，それぞれの特徴を述べよ．

8.3 光源へのプラズマ応用の一つとしてレーザーがある．レーザーの種類について列挙し，それぞれの特徴を述べよ．

9 材料・環境・宇宙工学とナノバイオ工学・医療へのプラズマ応用

9.1 熱平衡プラズマの発生と応用

　プラズマを構成する電子，イオンおよび中性気体粒子の温度がほぼ等しく，全粒子群が熱的に平衡に近い状態にあるプラズマを熱平衡プラズマと呼ぶ．この熱平衡プラズマは，ガス圧力が大気圧前後，またはそれより高い場合に生じやすく，中性気体およびイオンなどの重い粒子の熱エネルギーを利用して，機能性材料の高速合成，機能性薄膜の合成，ナノ粒子やナノチューブなどのナノ構造材料の合成，さらには有害物質や難処理物質の分解などにも応用されている．

9.1.1 直流アーク放電プラズマ

　電極を用いる直流放電プラズマは，陰極からの電子放出機構によって，アーク放電とグロー放電の2種類に分かれる（5.5節参照）．前者のアーク放電は，大気中での金属構造体間の溶融接合に用いられるアーク溶接がその代表的な例である．この放電は陰極表面の電流密度が高く，融点の高いタングステン，タンタル，炭素などが陰極の場合に大気圧前後で起こりやすく，主にイオン衝撃のため陰極表面が局部的に2000°C度前後の高温に加熱され，熱電子放出が放電維持のための主な電子供給機構となる．また，逆に融点の低い物質（たとえば銅，水銀など）の場合には，低気圧気体中で電極表面に加わる強電界のために起こる冷陰極電子放射（トンネル効果）が主な電子放出機構とされる．

　大気圧程度のアーク放電の主な特徴を列挙すると，①アーク全体の電位降下の大部分を占める陰極直前の電位降下（陰極降下電圧と呼ぶ）は数十Vの比較的低い値であり，電極間隔が増大しても陰極降下電圧の値は不変で，空間電荷がほぼゼロのプラズマ部分（アークプラズマ：内部電界値～数kV/m）の長さだけが増大する（図9.1），②アークプラズマ内の電子，イオンおよび中性粒子の温度はほぼ同程度で熱平衡になっている，③陰極面およびアークプラズマ内の放電電流密度はきわめて高く（場合によって10^{10} A/m^2にも達する），また，この領域内の

電子密度（～10^{20} m^{-3}）や温度もかなり高い（数千～数万度）．④アークプラズマからの発光を分光器で観測すると，通常電極物質原子（分子）のスペクトルを多く含んでおり，高温になった陰極物質の蒸発や，陰極表面へのイオン衝撃による陰極物質のスパッタリングが生じている．

上記②の熱平衡性が保たれるためには，アークプラズマ内の電子と重い粒子間の平均自由行程（λ_e）の間に，電界 E からもらうエネルギー（$eE\lambda_e$）が気体の熱エネルギー（kT_e）より十分に低いこと，またアーク柱の径方向の気体温度勾配が小さく，電子はほぼ一様な気体温度中を運動すると見なせることなどが条件となる．

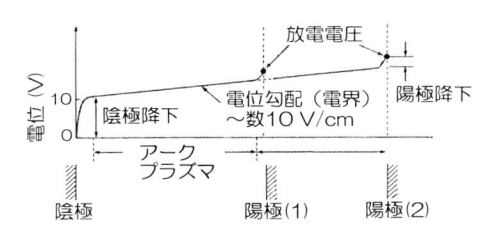

図 9.1 直流アーク放電プラズマ内の電位分布
（関口忠：「プラズマ工学」，p.196, 図 8.1, 電気学会，1997 年より転載．）

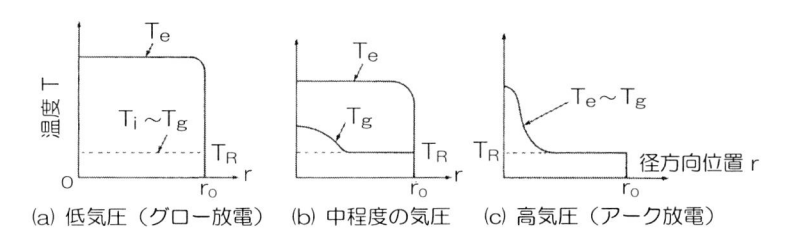

(a) 低気圧（グロー放電） (b) 中程度の気圧 (c) 高気圧（アーク放電）

図 9.2 ガス圧力の変化に伴う非平衡から熱平衡への変化（r_0：陽光柱半径；T_R は室温）
（関口忠：「プラズマ工学」，p.197, 図 8.2, 電気学会，1997 年より転載．）

事実，ガス圧力を低い値から徐々に上げていくと，プラズマ内の電子温度（T_e）および中性気体温度（T_g～イオン温度：T_i）の径方向分布は，図 9.2 に示すように変化する．すなわち，図 (a) の低気圧では λ_e が大きいために，電子が電界からもらうエネルギーが上とは逆に $eE\lambda_e \gg kT_g$ となって，$T_e \gg T_g$ となる．これが次節で述べる非平衡プラズマで，通常グロー放電と呼ばれる．気圧を上げて行くと中間では図 (b) となり（通常はあまり安定でない），ついには図 (c) の熱平衡性をもつようになる．

9.1.2 大気圧熱プラズマジェット

定常電流が空間的に広がった導体媒質内を流れる場合，電流分布は空間内の全ジュール損失が最小になるように自動調節される（最小発熱の定理）．アーク放電でもこれが起こることが観測され，たとえば，大気圧中で地表に水平にアーク柱を生成すると，アーク柱部分が高温になって軽くなり，浮力のため形状が山形（アーチ状）に湾曲する（アークの語源）．また，図 9.3 に示すように，高速気体（たとえば空気）流や液体（水）流がある絶縁物の円筒状パイプ中で軸に沿ってアークを発生させ，強制的にアークを周囲から冷却すると，アークは自身の半径を自動的に収縮させ，いわゆるピンチが起こる．結局，電流は中心部に集中する結果となって，その部分の温度は通常の大気圧アークの場合（高々4〜5千度程度）よりはるかに高くなる（2〜3万度）．これが熱ピンチアークプラズマと呼ばれるものであり，これをノズルから噴出させたものを熱プラズマジェットまたはプラズマトーチと呼んでいる．この高温のプラズマジェットに粉末材料を注入して，種々の処理・加工を行う．

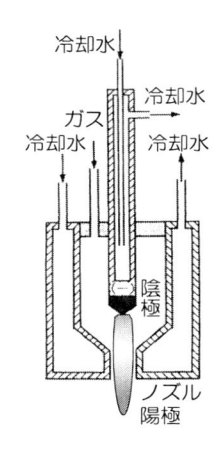

図 9.3 熱プラズマジェット

9.1.3 熱電離プラズマ

1000〜3000°C (0.1〜0.3 eV) 程度の比較的低い温度領域で，放電現象を利用せずに高密度の熱電離プラズマを生成・利用しようとする応用分野がある．電磁流体(MHD)発電や加速はその典型例である．

この場合には外部から電離電圧の低いアルカリ金属原子（セシウム，カリウム，ナトリウムなど）の単体，あるいは化合物を上記の温度領域にある中性ガス中にごくわずか（%の桁）混入させ，熱電離現象を利用してプラズマを生成するものである．

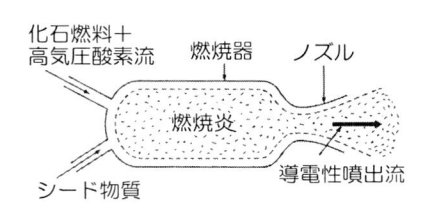

図 9.4 燃焼器からの導電性噴出流

たとえば図 9.4 に示すように，ロケットエンジンのような閉じた容器内空間に，適当な形の化石燃料（天然ガス，石油，微粉炭など）を高気圧の酸素（または空

気）流とともに注入して燃焼火炎を発生させ，ノズル部から外部に噴射させる．ここで燃焼火炎中に，比較的安価なシード物質（K_2CO_3 や KOH など）を適当量添加し，できるだけ一様に混合するように工夫すると，右方向に向けての噴射流は高温高速の導電性噴射流となる．

9.1.4 熱平衡プラズマプロセシング

熱平衡プラズマの応用例として，熱プラズマプロセシングがある．熱プラズマプロセシングによる材料合成では，従来にはない形態，結晶構造，化学組成の材料を合成することができることが大きな特徴である．熱プラズマプロセシングは，大別してアーク加熱技術を発展させた溶接，溶解，精錬等の応用と，燃焼炎中での物理的・化学的反応を利用するプラズマ溶射，プラズマ CVD などの応用に分類される．

前者は，主としてガス流によるアークの制御性向上および超高温化の観点から開発されてきたもので，非消耗電極の寿命やエネルギー効率に関しては改良すべき点も多々あるが，本質的にはアーク加熱技術の延長上にあり，基礎的な技術は確立している．一例として，プラズマ溶解では，①不活性または還元性ガス雰囲気で行うことにより精錬効果がある，②常圧下での溶解により成分元素の蒸発や飛散による損失が少ない，などの特徴があり，高級特殊鋼，超合金，活性金属，高融点金属等の溶解精錬法として魅力ある方法である．

後者の例としてのプラズマ溶射は，広義的にはスプレープロセシングに分類され，原料となる粉体，液霧，あるいは気体を熱プラズマ中に噴霧し，それを溶融粒子として基板上に堆積させて被膜を作製する方法であり，その超高温に起因する特異な物理的または化学的反応を利用するプロセシングである．プラズマの役割としては超高温場形成のみならずフローが基本となるため，熱プラズマの応用は「熱プラズマフローの応用」と考えるべきものである．その意味で燃焼炎の応用に類似する部分も多々ある．熱プラズマスプレープロセシングの主眼は，燃焼炎では得られない超高温ガス流としての有効利用におかれ，単なる加熱媒体としてのみならず，加熱，冷却過程での特異な物理現象あるいは化学反応の利用による新たな分野への展開が期待されている．

9.1.5 熱平衡プラズマ廃棄物処理

熱プラズマのもう一つの応用として，廃棄物の処理がある．廃棄物処理の問題は多くの場合処理コストに帰着する．そのため，熱プラズマの適用は現在のところ焼却灰や低レベル放射能廃棄物の溶融減容化やフロン・ハロン・PCB の分解処理に利用されつつある．焼却灰や低レベル放射能廃棄物の溶融減容化には一般にMW レベルの直流プラズマトーチが利用され，溶融効率の向上とトーチの長寿命化が課題である．

他方，後者に関しては磁界やガス圧変動による陰極点や陽極点の移動制御法，電極材料，冷却方式などの違いをもつ MW レベルトーチが開発されている．近年，日本で開発された高周波プラズマトーチを利用したフロンの分解プロセスは，プラズマガスとして水蒸気の使用を可能としており，100 kW 入力において 500 l/min の水蒸気とともに 1 kg/min のフロンやハロンをプラズマ化し，ダイオキシン排出量を検出限界以下に抑えた分解処理を可能としている．

9.2 大気圧非平衡プラズマの発生と応用

9.2.1 大気圧非平衡プラズマの原理

低気圧下におけるプラズマ技術は，高速電子の発生により，常温の状態で気体中に様々な化学反応を容易に起こすことができるため，半導体リソグラフィ，高分子への接着力の付与，重合物の堆積，素材の表面改質など，各種固体表面の改質処理法として永年多くの研究が蓄積されてきた．一方，大気圧下における低温放電プロセスは，その簡便さや有効性から，新しい応用分野を大きく広げる技術として脚光を浴びつつある．

低気圧下の低温プラズマは電子，分子間の平均自由行程が長いことから，ガス温度が低い割に電界中の電子エネルギーが高い非平衡状態にある．一方，均質なグロープラズマは化学反応に適しているとはいえ，工業規模の処理装置では低気圧下ではなく大気圧下で稼動させることが望ましい．しかし気体圧力を上げていけば，粒子間の衝突が激しくなり，各粒子はエネルギーを交換して熱平衡に近づいていくため，放電を持続するための電子エネルギーの低下を補うために，外部からさらに多くの電力を必要とする結果，大気圧では高温のアークプラズマと化してしまう．

それを防ぎ，非平衡グロー放電を大気圧下で安定して維持するためには，放電間隙中で極短時間で放電を起こさせる必要があり，その一例として，図9.5に示すように電極の表面を絶縁体（誘電体）で被覆し，電極に商用周波数から100 kHz程度までの低周波領域の交流電圧を印加して放電を駆動する「誘電体バリア放電」と呼ばれる方法がある．印加電圧に対する典型的な電流の波形は，図9.5(b)に示したようなスパイク状となって，過大な電流が流れずに短時間で自己終端する．そのメカニズムは，流れた電流によって誘電体表面が電極電位とは逆極性に帯電し，それが電極間の電界を低減する方向に働き，電極間の電圧が放電維持電圧以下になれば，自然と放電が消滅するためである．この方式は古くから無声放電として知られており，オゾン生成などに用いられてきている．

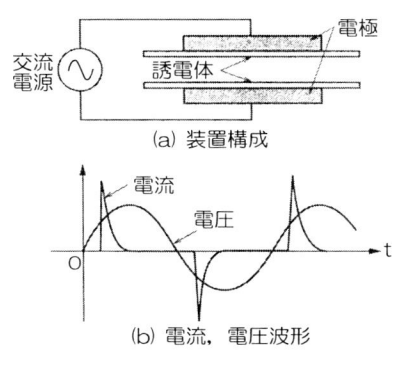

図 9.5 大気圧非平衡プラズマの装置と放電特性

その後，電極形状の工夫や誘電体の選択などを経て，現在は空気，窒素，アルゴンなど，さまざまなガスで大気圧グロー放電が生成できるまでに至っている．物理に関しても，実験や数値解析を通した研究が進められ，グロー放電が大気圧中で維持される機構について，励起種によるペニング効果を用いた解釈，低電界における高い電離レートを用いた解釈などが報告されている．

一方，バリアを用いない大気圧グロー放電の発生方式として，①高電圧パルス電源を用いる方式，②ホロー陰極を用いる方式，③短ギャップで高周波やマイクロ波を印加する方式等がある．①はプラズマが熱化する前に電圧を切ることで熱化を防ぎ，②，③は電極間距離を短くすることで電子の衝突回数を少なくし，熱平衡からアークプラズマ化するのを防ぐものであるが，現状でもっとも産業応用に近いのは誘電体バリア放電方式である．

9.2.2　大気圧非平衡プラズマの応用

大気圧グロー放電プラズマの応用例として，表面処理があげられる．一例として，高分子フィルムの撥水性向上について紹介する．Heを主成分とする気体中に少量のCF_4ガスを混合した大気圧グロー放電プラズマ中では，以下の反応により

フッ素原子 F が発生する．

$$He + e \rightarrow He^*(2^3S, 2^1S) + e, \tag{9.1}$$

$$He^* + CF_4 \rightarrow He + nF + CF_4 - n. \tag{9.2}$$

R で示される炭素主鎖で構成された有機高分子表面の H 原子は，プラズマ中で F 原子を照射されて即座に置換反応を起こし，フッ素化される．

$$R - H + 2F \rightarrow R - F + HF. \tag{9.3}$$

この方法で得られたフッ素化層の厚みは，10 nm 以下と考えられている．フッ素化処理面は低表面エネルギーのため，空気中に放置しただけでは経時変化のない比較的安定な膜である．接触角が 130° 以上に達する超撥水性膜も考えられており，自動車のバックミラーやフロントウィンドウなどへの応用が試みられている．

一方で，大気圧グロー放電プラズマを用いて，高機能炭素材料の創成を目指す研究もある．薄膜の堆積やコーティング技術への応用展開が可能な炭化水素系ガスを含む He ベースの大気圧グロー放電プラズマに着目し，これを高付加価値素材であるカーボンナノチューブ（CNT）の合成へ適用している．大気圧グロー放電プラズマ CVD による CNT 合成の特徴は，プロセスの低温化と配向成長であり，さらに中性粒子との衝突回数の増加により，基板上へのプラズマからのイオンの衝撃エネルギーが小さくなるため，ダメージレスの合成も期待できる．

9.3 液体が関与するプラズマの発生と応用

これまでは主に気体を用いて生成したプラズマについて述べてきたが，近年，液体が関与するプラズマに注目が集まっている．液体を用いたプラズマの生成では，液体中での放電，微小形状をした液体の放電，液体を電極とする放電などが考えられている．液体は気体と同様に流体であるので，液体の導電率，誘電率，粘性率，表面張力など多くの物性が関与する．このため，放電現象に新しい自由度が加わり，プラズマの特長が気体の場合よりもさらに発揮される．一般的には，液体を扱うために大気圧近傍でのプラズマ生成となり，電極間隔が mm から μm の範囲であるマイクロプラズマが主に使われている．

9.3.1　液体中におけるパルス放電プラズマ生成

液体中の放電進展に先だって生じる絶縁破壊は，高電圧絶縁技術の研究において，電子的破壊，気泡による破壊，液体・固体状の不純物による破壊に起因する機構などによって説明されている．特に，ギャップ長が100～1000 μm 程度であるマイクロ放電では，直径1 nm の気泡から，その内部において電子にエネルギーが与えられ，絶縁破壊に至る過程が考えられ，計算機シミュレーションにより検証されている．

液体中で，針電極先端のように極端に電界が不均一であるとき，高速のパルス高電圧を加えると，パルスコロナ放電が進展する．たとえば，精製水中に置いた針対ワイヤ電極に，正極性パルス電圧を針電極側に加えたとき，図9.6 のように放射状に広がる，直径が数百 μm 程度の微細な放電路が観測される．放電路の集合体の外縁部は直径10 cm にも及んでいる．針先端の微小空間に大電力が集中して供給されるため，放電初期には水中に衝撃波が発生し，その直後では，針先端部において 200 MPa を超える圧力が生じている．

図 9.6　パルスコロナ放電の進展

このような高電圧パルスで生成した水中における微細な径のパルスコロナ放電の進展に伴って，高電界，紫外線，ラジカル，衝撃波の発生などさまざまな物理現象が生じる．これらによる効果を利用して，水中に存在する毒性のある高分子やバクテリアなどに作用させ，水処理や殺菌などを含む水環境の浄化への応用が検討されている．

9.3.2　液体中におけるアーク放電プラズマ生成

液体中のアーク放電を利用して，金属，炭素，シリコンなどのナノ物質を形成する技術が研究されている．溶液中でアーク放電プラズマを生成する装置を図9.7 に示す．この装置では，純水を満たしたステンレス製容器に電極を挿入し，接触させておいた電極間に直流電流を流した後，電極を徐々に引き離して，アーク放電を開始させている．電極間隔が 1 mm 以下であれば，アークは安定に維持される．

アーク放電の電極を炭素棒にすることで，カーボンナノチューブやナノホーンなどのナノカーボン物質が，金属棒にすることで金属ナノ粒子の形成が実現できる．ナノ粒子形成では冷却過程が重要となるが，溶液中の場合には，その種類を変えることによって冷却条件を変化させ，粒子の直径を制御できる自由度が得られる利点がある．

また，電極近くに，正または負バイアス電圧を印加した基板を設置しておくことで，アーク

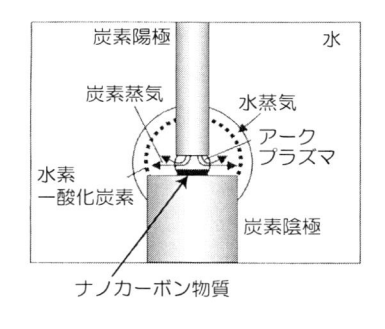

図 9.7 液体中のアーク放電

プラズマで生成されたイオンやナノ粒子を基板上の物質に照射することも可能であり，カーボンナノチューブを塗布した基板に対して，アーク放電により生成した鉄やシリコンナノ粒子を照射し，ナノ粒子を内部に含むカーボンナノチューブの生成が試みられている．

9.3.3 液体を電極としたプラズマ生成

電解質溶液などの液体を電極に用いた放電は，約 100 年前に最初の研究がなされ，環境分野，分析化学分野で利用されてきた．液体電極では，冷却効果，電極の損耗が生じないことなどの特徴に加えて，液体を構成する元素のプラズマ領域への輸送を含む気液界面現象，溶液中における酸化・還元反応やイオン等の移動などの，金属電極では発生しなかった多くの現象が関与するようになる．このように，液体電極を用いたプラズマだけが有する特性と機能をさらに向上させる効果が期待される．

一例として，液体陰極放電に微細ガス流を組み合わせるという新しい考えにもとづき，直流電圧印加による安定なマイクログロー放電が大気中で実現されている．微小ギャップ間では液体は静電気力により対向電極側に引き寄せられ，ギャップ間が短絡されてしまうことがある．微細ガス流を液面に吹き付けると，この障

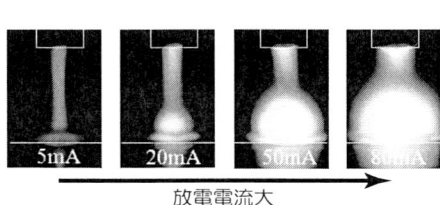

図 9.8 微細ヘリウムガス流を用いた液体陰極大気圧直流グロー放電プラズマ
（N. Shirai et al., Jpn. J. Appl. Phys. Vol.48, pp.0360021-1-8, 2009 より転載．）

害が抑制され陰極面を平滑に維持できる利点もある．微細 He ガス流と液体陰極を用いて生成したマイクログロー放電の可視光写真を図 9.8 に示す．

また，周波数 13.56 MHz の高周波電力を用いた，電解質溶液を電極とする大気圧マイクロプラズマ生成の研究も進められている．そこでは，プラズマの生成機構が溶液の物理化学的効果を含めた議論をもとに検討されている．高周波電力の場合は，電源電圧が 100 ns オーダーで時間的に変化することや，自己バイアス電圧による効果などがあるので，直流の場合に比べて，その扱いはやや複雑となる．

一方で，電解質溶液では導電性があるとはいえ，中性分子が多数存在している．それに対して，導体により近い性質を有するのがイオン液体で，正イオンと負イオンのみから構成されているので，イオン電導度が高い．また，蒸気圧がきわめて低いため，これまで大気圧領域で生成されていた液体が関与するプラズマを，減圧環境下で生成できるようになり，プラズマ中のパラメータ測定や詳細な制御が可能となることで，新たな応用が期待されている（図 9.9）．その特性を利用して，ナノ粒子，ナノカーボン物質と DNA に代表される生体高分子を複合させたナノバイオ物質創成などの応用を目指した，イオン液体を電極とする気相-液相界面放電プラズマの研究が行われている．

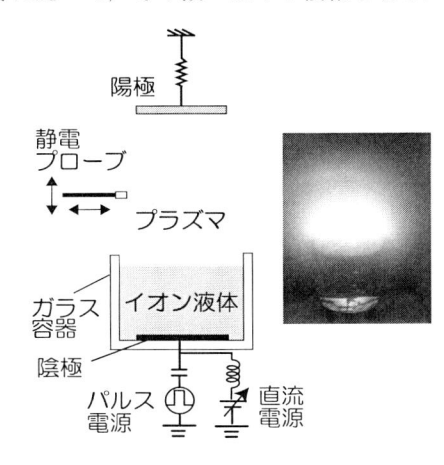

図 9.9 イオン液体電極を用いた減圧下放電プラズマ実験装置

9.4 プラズマ推進機への応用

9.4.1 プラズマ推進器の原理

化学ロケットは，推進剤の化学反応による熱エネルギーを固体ノズルで運動エネルギーに変換して，推力を発生させる．一方，プラズマ推進機は，推進剤にエネルギーを注ぎ込みプラズマ状態にし，種々の方法で高速に加速して推力を得る．化学ロケットと異なり，プラズマ推進機には推進剤以外に推進用電源が必要となる．化学ロケットは，飛行時間の短い月面基地建設や飛行時間にあまり強い制限がない無人慣性飛行の場合などには有効であるが，1 年以上の飛行期間を要する

惑星有人飛行の1次推進系には，高速の電気推進機や核融合推進機などが必須となる．

プラズマ推進機には，エネルギー源に応じて，電気推進機，レーザー推進機，原子力推進機，核融合推進機などがある．推進機の電源としては，地球周辺では太陽光電池が主に用いられているが，太陽から遠く離れた惑星間飛行には原子炉や核融合炉からのエネルギーが考えられている．レーザー光を用いて噴射ガスを加熱して噴出させるレーザー加熱推進機では，電源はロケット本体に搭載されず地上や宇宙基地に置かれる．これらすべてが，加熱・加速したガスやプラズマにより推力を得る方法であり，まとめて「プラズマ推進機」と呼ばれる．

電気推進機は大別すると，①加熱方式：熱アークジェット，レーザー加熱推進機，高周波イオン加熱推進機など，②静電加速方式：イオンエンジン，ホール推進機，③電磁加速方式：MPD推進機，パルスプラズマ推進機などがある．

9.4.2 比推力と比出力

ロケットの速度は排気速度に比例する．地球の衛星軌道に必要とされる速度（第1宇宙速度）は地表面で 7.8 km/s であり，また地球の重力圏脱出速度（第2宇宙速度）は 11.2 km/s である．化学ロケットの排気速度は高々 5 km/s であり，プラズマロケットでは 10 から 100 km/s，核融合ロケットでは 100 から 1000 km/s が期待できる．ロケットの性能を表す重要なパラメータとして，比推力と比出力がある．

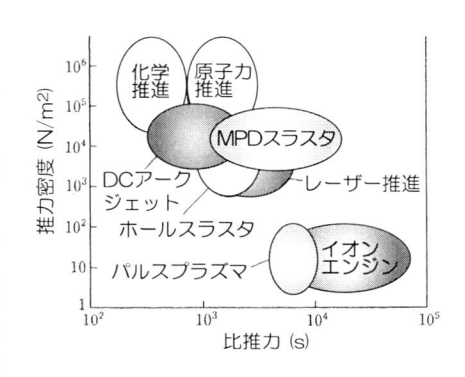

図 9.10 種々の宇宙推進機の推力密度と比推力

比推力 I_{sp} はロケットの推力 $F = \dot{m}v_{ex}$ と推進剤の重量流量 $\dot{m}g$ との比 $I = \dot{m}v_{ex}/\dot{m}g$ で定義され，排気速度 v_{ex} と地上における重力加速度の比に等しい．単位は［秒］であり，重力加速度 $g = 9.8$ m/s^2 を掛ければ排気速度の大きさとなる．また，1 kg の推進剤で 9.8 N の推力を何秒間出し続けられるかを表しているので，推進剤の持続可能時間を表すパラメータでもある．比出力はロケットの推進出力と質量との比である．

図 9.10 は，各種電気推進機の推力密度（噴射口単位面積あたりの推力）と比推

力を比較したものである．核融合推進機の推力密度は，電気推進機の 2 桁近く高い値が得られるとともに，比推力も $10^3 \sim 10^6$ 秒と広い範囲をカバーできる．

9.4.3 イオンエンジン

イオンエンジンは，グローやアーク放電あるいはマイクロ波や高周波放電でプラズマを生成し，数 kV 程度の電圧を印加した多孔グリッド電極によりイオンを引き出し加速する静電加速形の電気推進機である．図 9.11 にカスプ磁界型イオンエンジンの原理図を示す．イオンエンジンの放電部は，高推力化・大形化とともに，1 次電子の閉じ込め性能が改善されるカスプ磁界形（パケット形）が主流となっている．キセノンを推進剤とした 30 cm 口径のイオンエンジンでは，推進剤利用効率 90 % が得られ，比推力 4000 s のとき推進エネルギー効率 75 % が得られている．

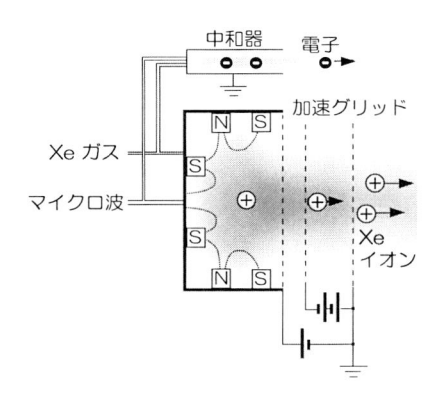

図 9.11　イオンエンジンの原理図

イオンエンジンは高比推力領域で高い推進効率が得られる電気推進機である．小惑星探査機「はやぶさ」には，イオンエンジンが 4 台搭載されていた．このイオンエンジンでは，電子サイクロトロン共鳴マイクロ波によりプラズマが生成されており，放電用のフィラメントあるいはホロー陰極とともに中和電子放出電極も使用されている．これによりエンジン 1 台あたり 2 年を超える長期間の安定な動作を確保するとともに，電源の数を減らすことによりシステムの信頼性を上げている．

9.4.4　ホール推進機

ホール推進機では，図 9.12 のように，円環状のプラズマ加速部に半径方向の外部磁界と軸方向電界を印加する．加速部では電子のみが磁化され，電子のラーマ半径は加速部の代表的長さに比べ十分短いが，イオンのラーマ半径は十分長い作動条件に設定する．このとき，電子は周方向にドリフトし，閉じた軌道を描きホール電流 j_θ が流れる．一方，イオンは磁界の影響をほとんど受けず，磁界が強い領域に集中した電界により軸方向に静電的に加速される．

通常の静電加速形のイオンエンジンと大きく異なる点は，加速領域のプラズマは準中性であり，空間電荷制限電流則の制約を受けないことである．このため高い推力密度が得られる．1500 s 程度の比較的低比推力領域でも 50 % 以上の高い推進効率が得られる．推進剤としてはどのような気体でも使用できるが，Xe，Ar などの希ガスを用いることが多い．放電電圧は推進剤の種類によって異なるが 100〜400 V と，イオンエンジンのように高電圧電源を必要

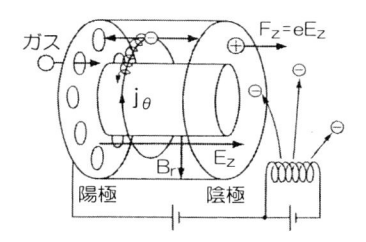

図 9.12 ホール推進機の原理図
(プラズマ・核融合学会編：「プラズマの生成と診断――応用への道」, p.323, 図 6.22, コロナ社, 2004 年より転載.)

とせず，軽量・コンパクトであることなど利点が多く，最近特に注目されている．

9.5 ナノテクノロジーへのプラズマ応用

ナノテクノロジーは，物質をナノメートル (nm) の領域すなわち原子や分子のスケールにおいて，自在に制御する技術のことである．そのようなスケールで新素材を開発したり，そのようなスケールのエレクトロニクスデバイスを開発するため，これまで述べてきた様々なプラズマ応用技術を利用する．

9.5.1 トップダウンとボトムアップ

ナノテクノロジーへのプラズマの応用として，大きく分けて二つの方法がある (図 9.13)．一つは，これまでに述べたプラズマによるエッチングなどを駆使して，微細に削ることで nm のサイズを実現するトップダウン方法で，この方向の代表例として，超高集積トランジスタなどの半導体微細化技術があげられる．種々の電子材料開発は，nm の構造制御と

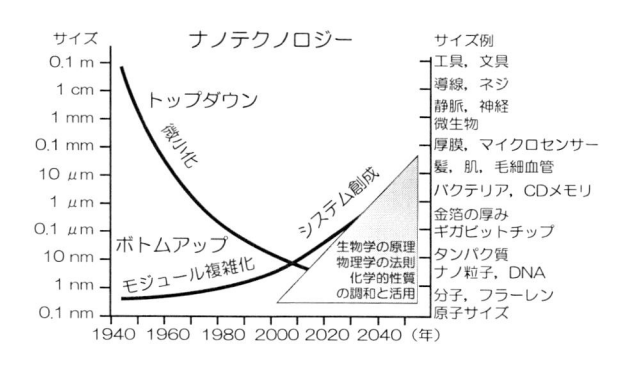

図 9.13 トップダウンとボトムアップ

物性のコントロールが必須の時代となっており，半導体技術開発における微細化の壁の突破，テラビット級情報ストレージ技術，ネットワークデバイスなどが，重点プロジェクトとして位置付けられている．特に100 nm以下の微細化技術の開発は，国際的競争も激しく，日本の近未来の産業競争力強化にとって重要な課題である．

一方，ナノメートルの構造を作り上げるもう一つの方法は，ボトムアップと呼ばれ，原子分子を組み上げ，新物質，新デバイス，新システムの新しい世界を創り上げるナノ技術である．このボトムアップのナノテクノロジーは生体を手本としており，DNAプログラムに基づいてnmスケールの分子機械や分子デバイスをごく小さなエネルギーで創り上げ，しかも，環境に適合した高品質の製品を作り出していくことを目指している．このように「プログラム自己組織化」という生体の原理にならった様々なナノスケール材料，ナノデバイス，システムの創成は，今後の物質・材料科学の大きなパラダイムとなる．

9.5.2 半導体集積回路プロセス

1960年代の初めに登場した半導体集積回路（Integrated Circuit：IC）は，パソコンを初めとして，自動車，携帯電話，家電製品など，様々な製品に使用されており，その小型化，記憶容量増大，処理速度の高速化で世界中で鎬を削っている．その半導体集積回路の作製にプラズマプロセス技術が導入され，現在の高集積半導体素子の作製に不可欠な技術となっている．その特長としては半導体プロセスの「ドライ化」，「低温化」，「微細加工」があげられ，特に微細加工においては8.4節で述べた「反応性イオンエッチング技術」が最も広く用いられている．

半導体集積回路デバイスの高集積化・高速化に伴い，半導体回路のパターンの微細化は進み，パターン寸法（溝幅・線幅など）は現在数十nmであるが，今後10 nmレベルとなり，対応するナノスケールの微細加工技術の開発が急務となっている．具体的には，必要とされる加工寸法の精度はナノメートルの領域に入り，今後も，①大口径基板に対する優れすた生産性（プロセス速度，制御性，再現性），②微細パターンの加工性（異方性，寸法精度，材料選択性），③低損傷性（低ダメージ），④基板上での均一性，の観点から技術開発が求められている．さらに最近では，高誘電率（high-k）ゲート絶縁膜やキャパシタ絶縁膜およびメタル電極の加工，低誘電率（low-k）層間絶縁膜の加工など，新しいデバイス構造や材料への対応も必要となっている．

9.5 ナノテクノロジーへのプラズマ応用　　155

近年，これらの要請を満たすようなプラズマプロセス・解析手法・装置の高度化や新技術の研究開発がなされるようなってきており，今後の発展が期待される．

9.5.3　新規ナノ物質創製

原子分子を組み上げる物質科学分野へのプラズマ応用では，フラーレン，カーボンナノチューブ，グラフェン，ナノダイヤモンドなどのナノスケールのカーボン材料創製が一例としてあげられる．その中でも，カーボンナノチューブは，1991年に日本で発見された日本発の材料であり，強くて，軽い，優れた構造材料である上，エネルギーや電子放出材料としても優れた特性を示し，ナノサイズの電子デバイスや電子機械システム，平面型表示素子の電子源，樹脂の高機能化などを可能にする新素材として注目されている．

このような特異な物性を有するカーボンナノチューブの産業応用のためには，カーボンナノチューブの構造を制御して形成することが求められており，それを可能にする方法としてプラズマ化学気相堆積（プラズマ CVD）法がある．プラズマ中では一般的に，プラズマが接している固体表面とプラズマ領域との間にプラズマシースが形成される．プラズマ CVD 法では，このプラズマシース効果により基板表面に，プラズマ中の空間電位と基板電位の差に相当する強電界が発生し，この強電界の力を受けてカーボンナノチューブが成長するため，電気力線に沿った形状に配向成長させることができる．また，プラズマの生成時間，基板温度，ガス圧力などを調整することで，その直径，螺旋度（カイラリティ），長さなどの精密構造制御の研究も展開されている．さらに，形成されたナノチューブ側壁にプラズマを照射することで他の原子・分子を結合させる表面修飾も可能である．このような構造制御されたカーボンナノチューブは電子放出源，微細配線，およびセンサーなどの応用に非常に有効である．

また，カーボンナノチューブの内部は通常中空の真空領域であるので，そこに色々な原子や分子を注入するとナノサイズの新機能性物質・材料・デバイスを創製できる可能性がある．ここで，導入対象の原子，分子をイオン化するプラズマ

図 9.14　プラズマを用いた新規ナノ物質創製

理工学的手法を用いると，イオンの入射エネルギーおよび密度を容易に制御できる（図9.14）ため，この手法は制御性に優れた原子・分子レベルでのナノ物質構造創成に有効なプラズマナノテクノロジーと考えることができる．一方で，カーボンのみではなくシリコンなどの半導体や金，銀などの金属，さらには酸化亜鉛等の酸化物のナノワイヤやナノ粒子（直径がナノメートルスケールのワイヤや粒子）も，プラズマCVDやプラズマスパッタを用いることで高効率で形成することが可能となる．これらのナノ物質は超高集積電子デバイスの配線材料として用いられるとともに，次世代の量子効果を利用したナノ電子デバイスを構成する量子細線，量子ドットとして利用される．この量子効果デバイスは，その特異な電気的性質により，量子テレポーテーション，量子ドットレーザー，量子ワイヤ・ドット太陽電池，量子コンピュータなどへの応用が期待されている．

9.6 バイオテクノロジーへのプラズマ応用

低気圧，大気圧および液体中プラズマのプロセスを用いた，細胞や組織の失活・滅菌・殺菌，また凝固・治療・手術，さらには製薬・バイオセンシング・バイオチップなどのバイオ・医療応用研究が近年盛んに行われている．一方，フラーレンやカーボンナノチューブに代表されるナノカーボンの次世代バイオ・医療応用研究も萌芽期を迎えており，現在，急速にその研究領域が拡大している．

9.6.1 滅菌・殺菌

プラズマを用いた滅菌・殺菌は，有害な物質を用いずに低温下で高速に処理が可能な新しい滅菌法として注目されている．初期には，窒素・酸素混合ガスの低気圧マイクロ波放電アフターグロープラズマによる枯草菌を対象とした滅菌実験などが行われていたが，後に，図9.15に示すようなマイクロ波励起表面波プラズマ，さらには，表面滅菌から立体滅菌の要請に応じて低気圧放電から高気圧放電へと推移し，大気圧誘電体バリア放電を用いた医療器具包装容

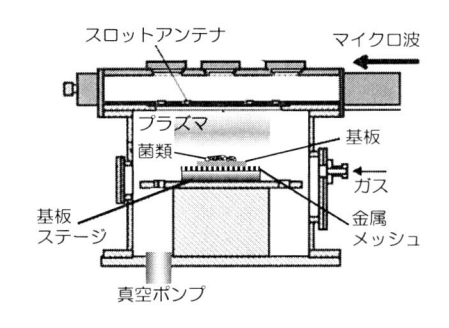

図9.15 医療滅菌への応用のためのマイクロ波プラズマ装置

器内部の低温滅菌実験などへ推移している．

一方で，細胞から生体分子に亘る不活化を指向して，小穴から噴き出したプルームを形成する低温大気圧プラズマジェット (図 9.16(a)) の活用へと展開されている．さらに，図 9.16(b) のような三次元表面処理のための大気圧プラズマジェットアレイも開発されており，個々のプラズマジェットにわたる時間的空間的一様性が観測され，個別化された電流安定と表面電荷の空間的再分配作用に裏打ちされた個々のジェット間の自己調整機構が存在している．

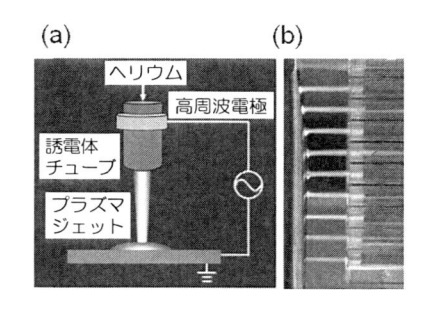

図 9.16　(a) 大気圧プラズマジェット，および (b) 大気圧プラズマジェットアレイ

9.6.2　凝固・治療・手術

プラズマよる凝固・治療・手術に関しては，生体組織自体を一つの電極とした浮遊電極誘電体バリア放電プラズマ (図 9.17) が利用されている．すなわち，非平衡室温プラズマを用いることにより，大気開放放電で生きている動物と人間の生体組織を安全に処置することができ，組織に熱や化学的損傷を与えないで組織滅菌と血液凝固を可能とするものである．これは放電ギャップ中の電流は電子とイオンの運動によるが，組織を介しては変位電流で繋がっているので，プラズマ電流によるエネルギーの大抵はギャップ内で散逸するからである．ネズミに対して滅菌に必要な数秒間のプラズマ照射を行ってから，2 週間後にも苦痛・疲労は現れず組織への毒性もないこと，また血液凝固・止血も確認されている (図 9.17 右下)．

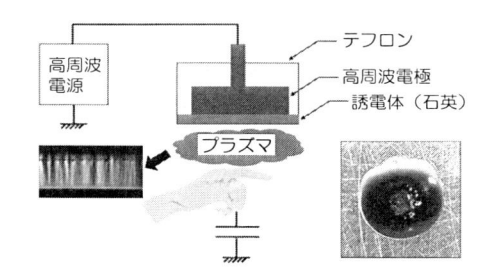

図 9.17　浮遊電極誘電体バリア放電プラズマによる血液凝固・止血

9.6.3　製薬・ドラッグデリバリーシステム

プラズマの製薬に関わる応用については，体内の決められた場所へ最適な時間に最適な速度で医薬品化合物を送り込むためのドラッグデリバリーシステム (DDS)

への応用などが提案されている．DDS では，①プラズマ照射によって薬物外層の多孔性を制御し，薬物を徐々に放出する薬物徐放型，②プラズマ照射によって難溶性薄膜コートを施し，一定時間後に薬物を放出する薬物放出時間制御型，③上記の薬物放出制御膜内に気泡を含有させることによる胃内浮遊型，などが提案されている．これらのプラズマ処理を医療の現場で利用するためには，プラズマ源はハンディでなければならず，体積の小さなマイクロプラズマが有用である．

一例として，カーボンナノチューブなどのナノカーボン構造体中に，DNA に代表される生体高分子を含有させる研究が進められている．これは，外部環境条件に非常に弱い生体分子を形状が安定で機械的強度が高い他のナノスケール物質で包み込むことにより，必要な箇所まで安全に輸送し，先進的治療に応用しようとする試みである．このプロセスでは，図 9.18 に示すように DNA などの生体分子を保持しやすい液体中で行う方法が用いられており，カーボンナノチューブ内に DNA を内包させることに成功している．

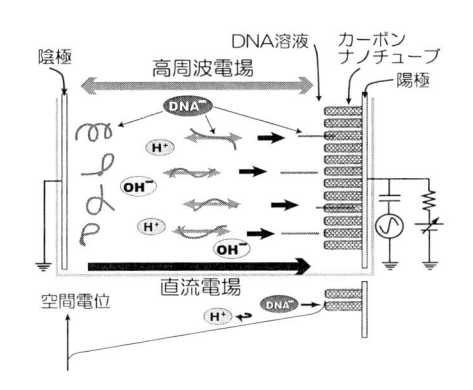

図 9.18 液体中のプラズマによる DNA 内包カーボンナノチューブの形成

9.6.4 バイオ分子デバイス

医療診断，環境汚染計測，食品検査，バイオテロ対策など種々の分野では，元素ではなく，特定の化合物を高感度・高選択的，短時間に簡易検出することが要求される．そのため，特定の化合物と結合するバイオセンサーによる微量計測法が大きな期待を集めている．

センサーの検出感度，選択性，安定性は，分子認識素子の情報変換素子上への固定化状態により大きな影響を受ける．したがって，生体由来分子の情報変換素子上への固定化条件の制御を行うことがバイオセンサー性能制御に直結し，センサー感度の増幅や安定性の向上が可能となる．そのような観点から，プラズマ重合膜の高耐久性に着目したバイオセンサーや化学センサーの分子認識膜へのプラズマ応用分野が大きな発展を遂げている．

このようなバイオセンサーを初めとする，生体材料と微細加工が結びついたバ

イオ分子デバイス開発は，今後の日本にとって重要なナノ・バイオテクノロジーの方向である．外界をセンシングする五感センサーができ，体内をセンシングするバイオチップと融合すれば，家電や自動車等も大きく変わる．また今後は，前述したトップダウンとボトムアップを融合させた分野が重要となり，シリコンデバイスの限界を超える超高集積単一分子デバイス，DNA 等のバイオ分子デバイスの開発が期待される．

9.7 時代を歩み牽引するプラズマ——進展するプラズマ応用

人類は太古に火としてプラズマを利用して以来，プラズマが充満している宇宙へ進出するとともに，現代の最先端材料・デバイス作りにプラズマを利用してきた．20 世紀を凌駕した Si，21 世紀に期待されている多様なナノカーボン，また遷移金属カルコゲナイドなどなどの時代とともに新登場する材料の産業・医療応用に，プラズマの生成・制御技術は今後も重要な役割を果たすであろう．

一方，新物質形成や物づくりの反応場となるプラズマという観点では，気相におけるプロセスに使われたのが始まりであった．今後は，固相，液相，超臨界相（液相と気相の中間状態），気相，およびそれらの間の界面，あるいは多相混合界面での反応の超精密制御に基づくプラズマ応用が，多彩に拡がりながら新展開されるであろう．

演 習 問 題

9.1 熱平衡プラズマは，高温熱源として利用され，様々な用途で産業に応用されている．その応用例を 3 つ挙げ，概要を説明せよ．

9.2 従来のプラズマは一般的に気相中で発生させていたが，近年，液体中または液体と接触する放電プラズマの発生が可能となっている．この液体が関与するプラズマを安定に発生させるための条件について述べよ．

9.3 プラズマ推進機と化学ロケットの特徴を比較し，プラズマ推進機の必要性について述べよ．

9.4 プラズマをナノテクノロジー分野に応用することによって，新機能性ナノ物質等を新たに形成することが可能となるが，そのようなプラズマを使うことによって実現できたナノ物質の例を 2 つ挙げよ．

演習問題解答

第 1 章
1.1
$$m\frac{d\bm{v}}{dt} = q(\bm{v} \times \bm{B}) \tag{A1.1}$$

において，直交座標系で $\bm{B} = (0, 0, B)$ として定常解を求める．$\omega_c = \dfrac{|q|B}{m} = \dfrac{eB}{m}$ なるパラメータを導入すると，

$$\frac{dv_x}{dt} = \varepsilon \omega_c v_y, \qquad \frac{dv_y}{dt} = -\varepsilon \omega_c v_x \tag{A1.2}$$

となり，ここで $\varepsilon = q/|q|$ で正イオンのとき $\varepsilon = 1$，電子のとき $\varepsilon = -1$ である．

$t = 0$ で粒子が y 軸上にあるものとすると，

$$\begin{cases} v_x = \varepsilon v_\perp \cos \omega_c t \\ v_y = v_\perp \sin \omega_c t \end{cases} \tag{A1.3}$$

$$\begin{cases} x = \varepsilon r_c \sin \omega_c t \\ y = r_c \cos \omega_c t \end{cases} \tag{A1.4}$$

で与えることができる．ただし，ここで $r_c = \dfrac{v_\perp}{\omega_c} = \dfrac{mv_\perp}{eB}$ であり，$x^2 + y^2 = r_c^2$ の円軌道が得られる．

以上より，サイクロトロン周波数は $eB/2\pi m$，ラーマ半径は $mv_\perp/eB$ である．

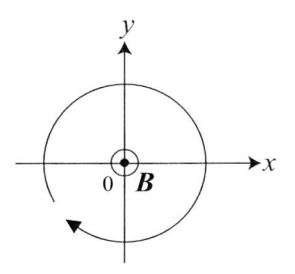

図 A1.1

1.2 $f_{ce} = 2.80 \times 10^{10} B(\mathrm{T})$ より，$B = 0.0875\ \mathrm{T} = 875\ \mathrm{G}$ となる．

1.3 任意の位置 z における荷電粒子の速度を $\bm{v} = (v_\parallel, v_\perp)$ とすると，粒子の運動エネルギー保存則より

$$\frac{1}{2}m\left(v_{\parallel 0}^2 + v_{\perp 0}^2\right) = \frac{1}{2}m\left(3v_0^2 + v_0^2\right) = 2mv_0^2$$
$$= \frac{1}{2}m\left(v_\parallel^2 + v_\perp^2\right).$$
$$\therefore\ v_0^2 = \frac{v_\parallel^2 + v_\perp^2}{4} \tag{A1.5}$$

と求められる．また，磁気モーメントの保存則より

$$\frac{\frac{1}{2}mv_{\perp 0}^2}{B_0} = \frac{\frac{1}{2}mv_0^2}{B_0} = \frac{\frac{1}{2}mv_\perp^2}{B}.$$
$$\therefore\ v_0^2 = \frac{B_0}{B}v_\perp^2 \tag{A1.6}$$

演習問題解答   161

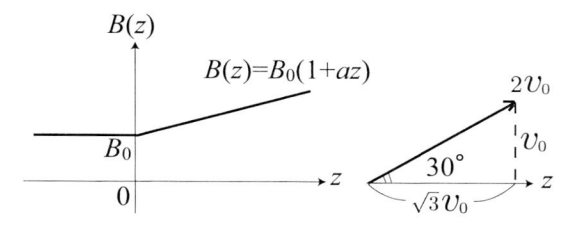

図 A1.2

となるので，(A1.5) と (A1.6) より
$$v_\parallel^2 = v_0^2\left(4 - \frac{B}{B_0}\right) \tag{A1.7}$$
が得られる．したがって，$v_\parallel = 0$ すなわち $B = 4B_0 = B_0(1+az)$ より，$z = 3/a$ の位置で荷電粒子は反射される．

1.4 本文の式 (1.24) からドリフト速度の大きさは $v_d = (3/2)(m/q)(v^2/R_cB)$ であるが，粒子速度 v に熱速度 $\sqrt{\dfrac{2\kappa T}{m}}$ を用いると，$v_d = (3\kappa T/q)/(R_cB)$ となって，粒子の質量 m には関係しない．これに数値を代入すると，v_d は電子，イオンとともに 7.5×10^3 m/s である．ただし，ドリフト方向は互いに逆なので $\boldsymbol{R}_c \times \boldsymbol{B}$ の方向に正味の電流が生じ，その実効電力密度 $j = 2nev_d = 240$ kA/m^2 となる．

1.5 単純トーラスプラズマ中の電子とイオンには式 (1.24) で表される湾曲ドリフトと $\boldsymbol{\nabla}B$ ドリフトの 2 種類のドリフト運動が同時に重畳して起こり，その結果形成される電界が作用する $\boldsymbol{E} \times \boldsymbol{B}$ ドリフトによって，電子もイオンも容器の外壁に向けて流出してしまう．

1.6 本文 1.3.4 項を参照せよ．

1.7 各々が順次に 1.82×10^{-5}, 7.30×10^{-7}, 2.50×10^{-8}, 9.71×10^{-10} Ω·m と計算される．したがって，プラズマ中の電気抵抗が胴の電気抵抗と同程度になる水素プラズマの電子温度は約 1 keV である．

1.8 デバイ遮蔽，プラズマシース，プラズマ電位に関する本文 1.4.1 項および 1.4.2 項を参照せよ．

1.9 本文 1.4.2 項の図 1.23 を参照せよ．

1.10

(1)
$$U = \frac{1}{2}\varepsilon_0 E^2 = \frac{1}{2}\varepsilon_0 \frac{n_e^2 e^2 \xi^2}{\varepsilon_0^2} = \frac{n_e^2 e^2 \xi^2}{2\varepsilon_0} \tag{A1.8}$$

(2)
$$\frac{u}{n_e} = \frac{n_e e^2 \xi^2}{2\varepsilon_0} \tag{A1.9}$$

(3)
$$\frac{n_e e^2 \xi^2}{2\varepsilon_0} = \frac{1}{2}\kappa T_e \quad \text{より} \quad \xi = \sqrt{\frac{\varepsilon_0 \kappa T_e}{n_e e^2}} \tag{A1.10}$$

(4) すなわち，プラズマ中で電気的中性が崩れる寸法の目安を与えるデバイ長 λ_D [$= \sqrt{\varepsilon_0 \kappa T_e / e^2 n_0}$ (1.46)] にほかならない．

1.11
$$f_{pe} = 8.98\sqrt{n_e} > 10^{10} \tag{A1.11}$$

より $n_e > \left(\dfrac{10}{8.98} \times 10^9\right)^2 \simeq 1.2 \times 10^{18}$ m^{-3} の高密度プラズマが存在する必要がある．

第 2 章

2.1 本文 2.1 節を参照せよ．

2.2 式 (2.15) の右辺をゼロとし，全速度にわたり積分すると（$\alpha = e$ または i），
$$\int \frac{\partial f_\alpha}{\partial t} d\boldsymbol{v} + \int \boldsymbol{v} \cdot \boldsymbol{\nabla} f_\alpha d\boldsymbol{v} + \frac{q_\alpha}{m_\alpha} \int (\boldsymbol{E} + \boldsymbol{v} \times \boldsymbol{B}) \cdot \frac{\partial f_\alpha}{\partial \boldsymbol{v}} d\boldsymbol{v} = 0 \tag{A2.1}$$

となる．式 (A2.1) の第 1 項は，
$$\int \frac{\partial f_\alpha}{\partial t} d\boldsymbol{v} = \frac{\partial}{\partial t} \int f_\alpha d\boldsymbol{v} = \frac{\partial n_\alpha}{\partial t} \tag{A2.2}$$

となり，第 2 項は，
$$\int \boldsymbol{v} \cdot \boldsymbol{\nabla} f_\alpha d\boldsymbol{v} = \boldsymbol{\nabla} \cdot \int \boldsymbol{v} f_\alpha d\boldsymbol{v} = \boldsymbol{\nabla} \cdot (n_\alpha \boldsymbol{u}_\alpha) \tag{A2.3}$$

となる．式 (A2.1) の第 3 項の積分については，零としてよいので無視する．したがって
$$\frac{\partial n_\alpha}{\partial t} + \boldsymbol{\nabla} \cdot (n_\alpha \boldsymbol{u}_\alpha) = 0$$

が導かれ，式 (2.16), (2.17) の連続の式を得る．

2.3 本文 2.3 節を参照せよ（作用反作用の関係から，両式を足し算した後で当該項を零とおけばよい）．

2.4 式 (2.24) より
$$\boldsymbol{\nabla} \cdot \boldsymbol{j} = e\{\boldsymbol{\nabla} \cdot (n_i \boldsymbol{u}_i - n_e \boldsymbol{u}_e)\} \tag{A2.4}$$

となる．一方，$e \times \{$ 式 (2.16) $-$ 式 (2.17)$\}$ の計算をすることによって
$$\frac{\partial}{\partial t}(en_i - en_e) + e\{\boldsymbol{\nabla} \cdot (n_i \boldsymbol{u}_i - n_e \boldsymbol{u}_e)\} = 0 \tag{A2.5}$$

の関係が求まる．したがって，
$$\frac{\partial \rho}{\partial t} + \boldsymbol{\nabla} \cdot \boldsymbol{j} = 0 \tag{A2.6}$$

2.5 式 (2.18)×m_e より

$$0 = n_i m_e e(\boldsymbol{E} + \boldsymbol{u}_i \times \boldsymbol{B}) - n_i m_e m_i \nu_{ie}(\boldsymbol{u}_i - \boldsymbol{u}_e), \tag{A2.7}$$

また式 (2.19)×m_i より

$$0 = -n_e m_i e(\boldsymbol{E} + \boldsymbol{u}_e \times \boldsymbol{B}) - n_e m_e m_i \nu_{ei}(\boldsymbol{u}_e - \boldsymbol{u}_i) \tag{A2.8}$$

が得られる．式 (A2.7)〜(A2.8) を計算すると

$$0 = -ne(m_e + m_i)\boldsymbol{E} + en(m_e \boldsymbol{u}_i + m_i \boldsymbol{u}_e) \times \boldsymbol{B}$$
$$- n m_e m_i(\nu_{ie} + \nu_{ei})(\boldsymbol{u}_i - \boldsymbol{u}_e)$$

となり，これは

$$\boldsymbol{E} + \frac{m_e \boldsymbol{u}_i + m_i \boldsymbol{u}_e}{m_i + m_e} \times \boldsymbol{B} = \frac{1}{e} \frac{m_e m_i(\nu_{ie} + \nu_{ei})}{m_e + m_i}(\boldsymbol{u}_i - \boldsymbol{u}_e) \tag{A2.9}$$

と整理される．ここで，

$$\frac{m_e \boldsymbol{u}_i + m_i \boldsymbol{u}_e}{m_i + m_e} = \frac{(m_i \boldsymbol{u}_i + m_e \boldsymbol{u}_e) - m_i \boldsymbol{u}_i - m_e \boldsymbol{u}_e + m_e \boldsymbol{u}_i + m_i \boldsymbol{u}_e}{m_i + m_e}$$
$$= \boldsymbol{u} - \frac{(m_i - m_e)(\boldsymbol{u}_i - \boldsymbol{u}_e)}{m_i + m_e} \simeq \boldsymbol{u} - \frac{\boldsymbol{j}}{en},$$

また $\dfrac{1}{e}\dfrac{m_e m_i(\nu_{ie} + \nu_{ei})}{m_e + m_i} \simeq \dfrac{m_e \nu_{ei}}{ne^2} = en = \eta en$ と近似できるので，

$$\boldsymbol{E} + \boldsymbol{u} \times \boldsymbol{B} = \eta \boldsymbol{j} + \frac{\boldsymbol{j} \times \boldsymbol{B}}{en} \tag{A2.10}$$

が導かれる．一般に，右辺第 2 項は他の項に比べて無視できる場合が多いので，

$$\boldsymbol{E} + \boldsymbol{u} \times \boldsymbol{B} = \eta \boldsymbol{j} \tag{A2.11}$$

と一般化されたオームの法則が求められる．

第 3 章

3.1 スカラ（静電）ポテンシャルを ϕ，ベクトルポテンシャルを $\boldsymbol{A}$ とすると，

$$\boldsymbol{E} = -\boldsymbol{\nabla}\phi - \frac{\partial \boldsymbol{A}}{\partial t}, \qquad \boldsymbol{B} = \boldsymbol{\nabla} \times \boldsymbol{A} \tag{A3.1}$$

であるので，

$$\boldsymbol{\nabla} \times \boldsymbol{E} = -\boldsymbol{\nabla} \times \boldsymbol{\nabla}\phi - \frac{\partial}{\partial t}(\boldsymbol{\nabla} \times \boldsymbol{A}) = -\frac{\partial \boldsymbol{B}}{\partial t} \tag{A3.2}$$

と求められる ($\because \boldsymbol{\nabla} \times \boldsymbol{\nabla}\phi$ は恒等的にゼロ)．縦波であるので，波数ベクトル $\boldsymbol{k}$ と $\boldsymbol{E}$ が平行となることにより，$\boldsymbol{\nabla} \times \boldsymbol{E} \propto \boldsymbol{k} \times \boldsymbol{E} = 0$ となり，$\boldsymbol{B} = 0$ が結論される．したがって，磁界変動を伴わないので「静電」波と呼ぶことができる．

3.2 n_{e1}, u_{e1}, E_1, p_{e1} に関する 4 行 4 列の行列式をゼロとおき，実際に計算せよ（詳細は

省略).こうして求められた

$$\omega^2 = \omega_{pe}^2 + \frac{3}{2}k^2 v_{te}^2 \tag{A3.3}$$

において $k \to \infty$ とすると

$$\omega \simeq \sqrt{\frac{3}{2}} k v_{te} \quad \text{となり,} \quad \frac{\omega}{k} = \frac{\partial \omega}{\partial k} \simeq \sqrt{\frac{3}{2}} v_{te} \tag{A3.4}$$

に達する.

3.3 n_{i1}, n_{e1}, u_{i1}, ϕ_1 に関する 4 行 4 列の行列式をゼロとおき,実際に計算せよ(詳細は省略).こうして求められた

$$\omega^2 = \frac{C_s^2}{k^2 \lambda_D^2 + 1} k^2 \tag{A3.5}$$

において,$k \to \infty$ とすると

$$\omega \simeq \frac{C_s}{\lambda_D} = \sqrt{\frac{\kappa T_e}{m_i}} \sqrt{\frac{e^2 n_0}{\varepsilon_0 \kappa T_e}} = \sqrt{\frac{n_0 e^2}{\varepsilon_0 m_i}} \tag{A3.6}$$

つまり,$f = \omega_{pi}/2\pi$ であり,イオンプラズマ周波数となる.

3.4 本文 3.3 節を参照せよ.

3.5 n_{-1}, n_{+1}, u_{-1}, u_{+1}, ϕ_1 に関する 5 行 5 列の行列式をゼロとおき,実際に計算せよ(詳細は省略).分散の有無の機構については,本文 3.3 および 3.4 節を参照せよ.

3.6 式 (3.34) の分散式を図示すると(省略),静電イオンサイクロトロン波の位相速度はつねに C_s より大きい.しかし,イオン音波の位相速度は (3.19)(図 3.4)の分散式よりわかるように,つねに C_s よりも小さい.

3.7 本文 3.6 節を参照せよ.

3.8 プラズマ中の荷電粒子の速度分布関数がマクスウェル分布とは異なり,右図のように分布のすそにもう一つ小山をもち,しかも波動の位相速度 $v_p = \omega/k$ の所で $df(v_x)/dv_x > 0$ が成り立つ場合である.この状況は例えば,マクスウェル分布の電子群から成るプラズマ中に,外部から高いエネルギーをもった電子群を新たに注入した場合に実現される.

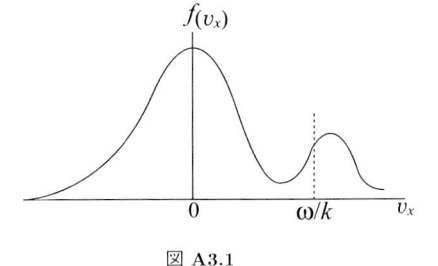

図 A3.1

第 4 章

4.1 電子プラズマ波は縦波であり，電磁波は横波である．両者とも ω_{pe} が遮断角周波数となるが，k の増大とともに位相速度が前者は電子の熱速度に，後者は光速に近づく．

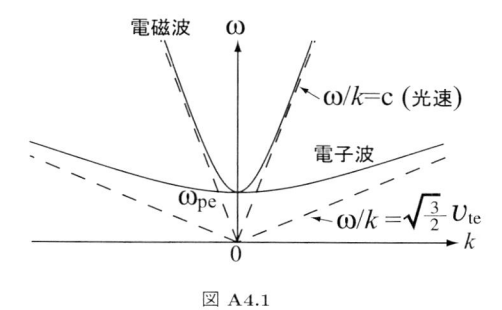

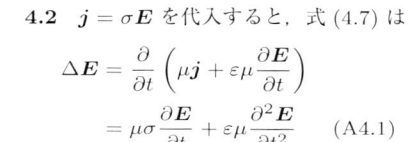

4.2 $j = \sigma E$ を代入すると，式 (4.7) は

$$\Delta \boldsymbol{E} = \frac{\partial}{\partial t}\left(\mu \boldsymbol{j} + \varepsilon\mu \frac{\partial \boldsymbol{E}}{\partial t}\right)$$
$$= \mu\sigma \frac{\partial \boldsymbol{E}}{\partial t} + \varepsilon\mu \frac{\partial^2 \boldsymbol{E}}{\partial t^2} \quad (A4.1)$$

図 A4.1

となるので，$\boldsymbol{E} \propto \exp\{i(kx - \omega t)\}$ より $-k^2 \boldsymbol{E} = -i\omega\mu\sigma \boldsymbol{E} - \varepsilon\mu\omega^2 \boldsymbol{E}$，すなわち

$$k^2 = \varepsilon\mu\omega^2 + i\omega\sigma\mu \tag{A4.2}$$

が得られる．これを解いて，

$$k_r = \frac{\omega}{\sqrt{2}c}\left(\sqrt{1 + \frac{\sigma^2}{\varepsilon^2\omega^2}} + 1\right)^{1/2}, \quad k_i = \frac{\omega}{\sqrt{2}c}\left(\sqrt{1 + \frac{\sigma^2}{\varepsilon^2\omega^2}} - 1\right)^{1/2} \tag{A4.3}$$

と求められる．

4.3 $\sigma \gg \varepsilon\omega$ の場合は，式 (A4.3) における 1 を $\sigma^2/\varepsilon^2\omega^2$ に比べて無視できるので，$k_r \simeq k_i \simeq \sqrt{\frac{\sigma\omega}{2c^2\varepsilon}} = \sqrt{\frac{\sigma\omega\mu}{2}}$ となる．したがって，電磁波の振幅は，x 方向に $\lambda_s = \sqrt{2/\sigma\omega\mu}$ だけ進むと $1/e$ になる（$\therefore\ e^{-k_i x}$）．

以上より，表皮の厚さは

$$\lambda_s = \sqrt{2/\sigma\omega\mu} \tag{A4.4}$$

である．

4.4 式 (4.8) の $\omega^2 = \omega_{pe}^2 + k^2 c^2$ において，

$$v_g = \frac{\partial \omega}{\partial k} = \frac{\partial}{\partial k}\sqrt{\omega_{pe}^2 + k^2 c^2}$$
$$= \frac{1}{2}\frac{2c^2 k}{\sqrt{\omega_{pe}^2 + k^2 c^2}} = \frac{c}{\sqrt{1 + \left(\frac{\omega_{pe}}{kc}\right)^2}}$$

と群速度が求められる．この式の右辺の分母は 1 より大きいので，v_g は c よりも常に小さい．また，4.1 節の図 4.2 からも分かるように，位相速度 $v_p (= \omega/k)$ は常に群速度よりも大きい．

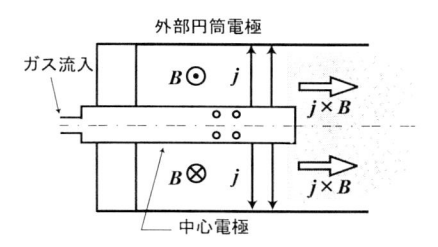

4.5 図 A4.2 のように，半径 (r) 方向の電流 j

図 A4.2

によって方向角 (θ) 方向の自己磁界 $\boldsymbol{B}$ が発生する．この場合，式 (2.27) で表される一流体に対する電磁力 $\boldsymbol{j} \times \boldsymbol{B}$ が軸 (z) 方向に働くので，プラズマは軸方向の容器外側に向って加速・放出される．

4.6

(1) ベクトル公式 $\boldsymbol{A} \times (\boldsymbol{B} \times \boldsymbol{C}) = \boldsymbol{B}(\boldsymbol{A} \cdot \boldsymbol{C}) - \boldsymbol{C}(\boldsymbol{A} \cdot \boldsymbol{B})$ を用いると，

$$\boldsymbol{B}_0 \times (\boldsymbol{k} \times \boldsymbol{B}_1) = B_0(k_x B_{z1} - k_z B_{x1})\boldsymbol{1}_x - B_0 k_z B_{y1} \boldsymbol{1}_y$$

$$\boldsymbol{k} \times (\boldsymbol{u}_1 \times \boldsymbol{B}_0) = B_0 k_z u_{x1} \boldsymbol{1}_x + B_0 k_z u_{y1} \boldsymbol{1}_y - B_0 k_x u_{x1} \boldsymbol{1}_z$$

が得られる．したがって，式 (4.25) より

$$\omega \mu_0 \rho_{m0} u_{x1} = B_0 (k_x B_{z1} - k_z B_{x1}) \tag{A4.5}$$

$$\omega \mu_0 \rho_{m0} u_{y1} = -B_0 k_z B_{y1} \tag{A4.6}$$

$$\omega \mu_0 \rho_{m0} u_{z1} = 0 \tag{A4.7}$$

と求められる．また式 (4.26) より

$$-\omega B_{x1} = B_0 k_z u_{x1} \tag{A4.8}$$

$$-\omega B_{y1} = B_0 k_z u_{y1} \tag{A4.9}$$

$$\omega B_{z1} = B_0 k_x u_{x1} \tag{A4.10}$$

が導かれる．

(2) ここで，式 (A4.6) と (A4.9) は式 (4.27) と (4.28) に同じであり，式 (A4.6) を式 (A4.9) に代入すると

$$-\omega B_{y1} = k_z B_0 \left(-\frac{1}{\omega \mu_0 \rho_{m0}} k_z B_0 B_{y1} \right) \tag{A4.11}$$

すなわち，

$$\omega^2 = k_z^2 V_A^2 \tag{A4.12}$$

が得られる．一方，式 (A4.9) と (A4.10) を式 (A4.5) に代入すると，

$$\omega \mu_0 \rho_{m0} u_{x1} = B_0 \left(k_x \frac{B_0}{\omega} k_x u_{x1} + k_z \frac{B_0}{\omega} k_z u_{x1} \right)$$

となり，これは

$$\omega \mu_0 \rho_{m0} = \frac{B_0^2}{\omega}(k_x^2 + k_z^2) = \frac{B_0^2}{\omega} k^2$$

と整理されるので，

$$\omega^2 = k^2 V_A^2 \tag{A4.13}$$

が得られる ($V_A = B_0/\sqrt{\mu_0 \rho_{m0}}$)．

(3) 式 (A4.11) と (A4.12) を分散式 $\omega - k_z$ として図示すると下のようになり，前者は式 (4.29) で表される（非圧縮性）アルフベン波であり，後者は遮断周波数 $k_x V_A$ を有する（圧縮性）アルフベン波である．

演習問題解答

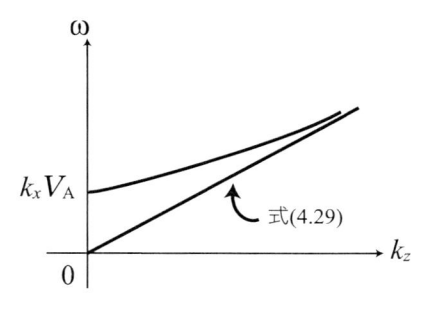

図 A4.3

4.7 本文 4.4 節，4.5 節および 4.7 節を参照せよ．

第 5 章

5.1
(1) 図 5.3 より $P_{ce} = 1/\lambda = n_n \sigma \approx 5 \times 10^2/\text{m}$．よって $\lambda \approx 2$ mm．
(2) 133 Pa の気体密度は $n_n = 3.54 \times 10^{22}/\text{m}^3$ なので，$\sigma = 1/n_n\lambda = 1.4 \times 10^{-20}$ m^2．
(3) $\nu_e = v_e/\lambda \approx 3 \times 10^8$ Hz．

5.2 式 (5.19) において「接線の傾き＝原点からの直線の傾き」を満たす圧力は $p_m = E/B$ となる．式 (5.22) より $(pd)_{min} = \exp\{1 - \ln(A/\alpha d)\} = \exp\{1 - \ln(e/(E/B)d)\} = p_m d$ となる．よって $p_m d$ のとき $(pd)_{min}$ となる．

5.3 連続の式 $\dfrac{\partial n}{\partial t} + \nabla \cdot (n\boldsymbol{u}) = Q$ において，左辺第 2 項は拡散項なので，これを無視すると $\dfrac{dn}{dt} = -\eta n^2$．ここで $n = a(b+ct)^m$ と仮定すると，上式に代入して $m = -1$, $c = \eta a$ を得る．初期条件として $t = 0$ で $n = n_0$ とすると，$b = a/n_0$ となる．これを代入すると $n(t) = n_0/(1 + n_0 \eta t)$ となる．

5.4
(1) 連続の式 $\dfrac{\partial n}{\partial t} - D_a \nabla^2 n = n\nu_I$ において，定常状態では $\dfrac{\partial}{\partial t} = 0$ とし，$n(x,y) = X(x)Y(y)$ とおいて上式に代入すると
$$\frac{1}{X}\frac{\partial^2 X}{\partial x^2} + \frac{1}{Y}\frac{\partial^2 Y}{\partial y^2} = -\frac{\nu_I}{D_a}.$$
x と y は同等なので，左辺第 1 項と第 2 項は等しい．よって
$$(1/X)(\partial^2 X/\partial x^2) = -\nu_I/2D_a$$
式 (5.33) と比較すると $X(x) = \cos\dfrac{\pi}{L}x$ となる．同様に
$$Y(y) = \cos\frac{\pi}{L}y. \quad \therefore \quad n(x,y) = n_0 \cos\frac{\pi}{L}x \cos\frac{\pi}{L}y$$

(2) 上より $\nu_I/D_a = 2(\pi/L)^2$ となる．1次元に比べて損失が x と y 方向の2倍になったので，電離周波数も2倍になって損失と釣り合う．

(3) 生成が無いから $\dfrac{\partial n}{\partial t} = D_a \nabla^2 n$．ここで $n(x,y,t) = X(x)Y(y)T(t)$ とおくと

$$\frac{1}{T}\frac{\partial T}{\partial t} = D_a \left(\frac{1}{X}\frac{\partial^2 X}{\partial x^2} + \frac{1}{X}\frac{\partial^2 X}{\partial x^2}\right) = -\frac{1}{\tau}$$

となる．空間分布は先の結果と同じで $X(x) = \cos\dfrac{\pi}{L}x$ なので，これを代入して

$$-2\frac{\pi^2}{L^2}D_a = -\frac{1}{\tau}. \qquad \therefore \quad \tau = \frac{1}{2D_a}\left(\frac{L}{\pi}\right)^2.$$

したがって拡散時間は $1/2$ になる．

5.5

(1) 円筒座標では

$$\nabla^2 n = \frac{1}{r}\frac{\partial}{\partial r}\left(r\frac{\partial n}{\partial r}\right) = -\frac{\nu_I}{D_a}n.$$

したがって $\dfrac{\partial^2 n}{\partial R^2} + \dfrac{1}{R}\dfrac{\partial n}{\partial R} + n = 0$．これは0次のベッセル関数で $n(R) = J_0(R)$ が解となる．ここで $R = \sqrt{\nu_I/D_a}\,r$ とした．$J_0(R)$ は $R \approx 2.4$ で0となり，プラズマの境界 $r = a$ を与える．すなわち

$$R = \sqrt{\frac{\nu_I}{D_a}}a = 2.4. \qquad \therefore \quad n(r) = n_0 J_0\left(\sqrt{\frac{\nu_I}{D_a}}r\right) = n_0 J_0\left(\frac{2.4}{a}r\right).$$

(2) 生成が0なので $\dfrac{\partial n}{\partial t} = D_a \nabla^2 n$ となる．ここで $n(r,t) = S(r)T(t)$ とおくと

$$\frac{1}{T}\frac{\partial T}{\partial t} = \frac{D_a}{S}\nabla^2 S = -\frac{1}{\tau}.$$

したがって $\nabla^2 S + \dfrac{1}{D_a\tau}S = 0$．上の結果と比較すると $\nu_I \to 1/\tau$ と置き換えればよい．よって

$$\sqrt{\frac{1}{D_a\tau}}a = 2.4. \qquad \therefore \quad \tau = \frac{1}{D_a}\left(\frac{a}{2.4}\right)^2.$$

5.6

(1) イオンと電子のフラックスは

$$\Gamma_{i\perp} = n\mu_{i\perp}E_x - D_{i\perp}\frac{\partial n}{\partial x}, \qquad \Gamma_{e\perp} = -n\mu_{e\perp}E_x - D_{e\perp}\frac{\partial n}{\partial x}.$$

ここで $\Gamma_{i\perp} = \Gamma_{e\perp}$ より $E_x = (D_{i\perp} - D_{e\perp})/(n(\mu_{i\perp} + \mu_{e\perp}))\dfrac{\partial n}{\partial x}$．イオンのラーマ半径が電子より大きいので $D_{i\perp} > D_{e\perp}$．また密度勾配は $dn/dx < 0$ より $E_x < 0$ となり，内向きとなる．

(2) したがって $\Gamma = -(\mu_{i\perp}D_{e\perp} + \mu_{e\perp}D_{i\perp})/(\mu_{i\perp} + \mu_{e\perp})\dfrac{\partial n}{\partial x} = -D_{ax}\dfrac{\partial n}{\partial x}$ よって $D_{ax} = (\mu_{i\perp}D_{e\perp} + \mu_{e\perp}D_{i\perp})/(\mu_{i\perp} + \mu_{e\perp})$.

第 6 章

6.1 ホロー陰極内の電位閉じ込めによって電子の損失が減り，拡散が抑制されると式 (6.22) より電離周波数 ν_I も減少する．電離周波数は電子温度 T_e の関数で，T_e が下がると ν_I は減少する．

6.2 電子の運動方程式は
$$\frac{du_{ex}}{dt} = -\frac{e}{m_e}E - \omega_{ce}u_{ey} - \nu_c u_{ex}, \qquad \frac{du_{ey}}{dt} = \omega_{ce}u_{ex} - \nu_c u_{ey}.$$

定常状態では $d/dt = 0$ なので，これを解くと次式を得る．
$$\overline{u_{ex}} = -\frac{e\nu_c}{m_e(\omega_{ce}^2 + \nu_c^2)}E \equiv -\mu_P E, \qquad \overline{u_{ey}} = -\frac{e\omega_{ce}}{m_e(\omega_{ce}^2 + \nu_c^2)}E \equiv -\mu_H E.$$

6.3

(1) 電子とシースの相対速度は $v_{in} - v_s$ なので，反射速度は $v_{out} = -(v_{in} - v_s) + v_s = 2v_s - v_{in}$ となる．

(2) 運動エネルギー差は $\Delta W = \frac{1}{2}m_e v_{out}^2 - \frac{1}{2}m_e v_{in}^2$. これを時間平均すると $\overline{\sin^2 \omega t} = \frac{1}{2}$ より，$\overline{\Delta W} = m_e v_0^2$

(3) シースとの相対運動におけるエネルギー流束を求めると
$$W = \int_0^\infty \left(\frac{1}{2}m_e v_{out}^2 - \frac{1}{2}m_e v_{in}^2\right)(v_{in} - v_s)f(v_{in})dv_{in}$$

より，電子の得る全パワーの時間平均値は
$$\overline{W} = \frac{1}{2}n_e m_e v_0^2 \sqrt{8\kappa T_e/\pi m_e}.$$

6.4

(1) $E = \tilde{E}\exp[i(kz-\omega t)]$ とすると，$\frac{\partial}{\partial t} = -i\omega$，$\frac{\partial}{\partial z} = ik$，$\frac{\partial}{\partial x} = \frac{\partial}{\partial y} = 0$ なので，
$$\nabla \times \boldsymbol{E} = -ikE_y\hat{x} + ikE_x\hat{y} = i\omega B_x \hat{x} + i\omega B_y \hat{y}.$$

ここで，$\hat{\boldsymbol{x}}$，$\hat{\boldsymbol{y}}$ は x，y 方向の単位ベクトルである．
$$\nabla \times \boldsymbol{B} = -ikB_y\hat{x} + ikB_x\hat{y} = \left(-\mu_0 env_{ex} - i\frac{\omega}{c^2}E_x\right)\hat{\boldsymbol{x}} + \left(-\mu_0 env_{ey} - i\frac{\omega}{c^2}E_y\right)\hat{\boldsymbol{y}}.$$

電子の運動方程式より
$$-i\omega u_{ex}\hat{\boldsymbol{x}} - i\omega u_{ey}\hat{\boldsymbol{y}} = \left(-\frac{e}{m_e}E_x - \nu_c u_{ex}\right)\hat{\boldsymbol{x}} + \left(-\frac{e}{m_e}E_y - \nu_c u_{ey}\right)\hat{\boldsymbol{y}}$$

これらから E_x だけで表すと次式を得る．$k^2 - \dfrac{\omega^2}{c^2} + \dfrac{\omega_{pe}^2}{c^2}\dfrac{\omega}{\omega + i\nu_c} = 0.$

(2) $\nu_c \gg \omega$ のとき $\sigma = e^2 n/m_e \nu_c$ より $k^2 - \dfrac{\omega^2}{c^2} - i\omega\mu_0\sigma = 0.$

(3) $k = k_r + ik_i = Ke^{i\theta}$ と置くと次式を得る．$K^2\cos 2\theta - \dfrac{\omega^2}{c^2} = 0, K^2\sin 2\theta = \omega\mu_0\sigma$．$\cos^2\theta$ の 2 次方程式より $\cos\theta$ を求めると

$$\begin{cases} k_r = K\cos\theta = \sqrt{\dfrac{\omega\mu_0\sigma}{2}}\sqrt{\sqrt{1+\dfrac{\omega^2\epsilon_0^2}{\sigma^2}} + \sqrt{\dfrac{\omega\epsilon_0}{\sigma}}} \\ k_i = K\sin\theta = \sqrt{\dfrac{\omega\mu_0\sigma}{2}}\sqrt{\sqrt{1+\dfrac{\omega^2\epsilon_0^2}{\sigma^2}} - \sqrt{\dfrac{\omega\epsilon_0}{\sigma}}} \end{cases} \tag{A6.1}$$

よって

$$\lambda_s = \dfrac{1}{k_i} = \sqrt{\dfrac{2}{\omega\mu_0\sigma}}\sqrt{\sqrt{1+\dfrac{\omega^2\epsilon_0^2}{\sigma^2}} + \sqrt{\dfrac{\omega\epsilon_0}{\sigma}}}$$

6.5

(1) 電子の運動方程式の各成分は

$$\begin{cases} \dfrac{du_{ex}}{dt} + \nu_e u_{ex} + \omega_{ce} u_{ey} = -\dfrac{e}{m_e}E_x \\ \dfrac{du_{ey}}{dt} + \nu_e u_{ey} - \omega_{ce} u_{ex} = 0 \\ \dfrac{du_{ez}}{dt} + \nu_e u_{ez} = 0 \end{cases} \tag{A6.2}$$

z 成分は単純な減衰を表すので x と y 成分から u_{ex} と u_{ey} を求める．第 1 式の u_{ey} を第 2 式に代入すると u_{ex} についての 2 階微分方程式が得られる．ここで，解を $u_{ex} = C_1\sin\omega t + C_2\cos\omega t$ と仮定して C_1 と C_2 を求める．

$$C_1 = -\dfrac{e\nu_e E}{2m_e}\left(\dfrac{1}{(\omega+\omega_{ce})^2+\nu_e^2} + \dfrac{1}{(\omega-\omega_{ce})^2+\nu_e^2}\right)$$

が得られる．ここで電界のする仕事は $dW = F_x dx = -eE\sin\omega t dx$ なので，1 個の電子の得るパワーは

$$P = \dfrac{dW}{dt} = -eE\sin\omega t\dfrac{dx}{dt} = -eE\sin\omega t(C_1\sin\omega t + C_2\cos\omega t).$$

時間平均した単位体積あたりの吸収パワーは

$$P_e = n_e\overline{P} = -eE(C_1\overline{\sin^2\omega t} + C_2\overline{\sin\omega t\cos\omega t}).$$

ここで $\overline{\sin^2\omega t} = \dfrac{1}{2}$，$\overline{\sin\omega t\cos\omega t} = 0$ なので式 (6.27) が得られる．

(2) $x = \omega/\omega_{ce}$，$a = \nu_e/\omega_{ce}$ とし $f(x) = \dfrac{1}{(1-x)^2+a^2} + \dfrac{1}{(1+x)^2+a^2}$ とすると $df(x)/dx = 0$ より $x = \sqrt{2\sqrt{1+a^2}-1-a^2}$ を得る．$a \ll 1$ より $x \approx 1$，すなわち $\omega_0 \approx \omega_{ce}$ のとき $P_{max} \approx n_e e^2 E^2/4m_e\nu_e$ を得る．

(3) $x = 1 + b$ ($b \ll 1$) を $f(x)$ に代入し，そのときの $P = \dfrac{1}{2}P_{max}$ とすると $b \approx a$, すなわち $\Delta\omega \approx \nu_e$ を得る．

第 7 章

7.1

(1) 3 次元のマクスウェル速度分布関数は粒子密度を n_p とすると

$$f(v) = n_p \left(\frac{m}{2\pi\kappa T}\right)^{3/2} \exp\left(-\frac{mv^2}{2\kappa T}\right).$$

半径 v の速度空間の球殻内の粒子数は $dn = 4\pi v^2 f(v) dv = G(v)dv$. したがって
$G(v) = \dfrac{4n_p}{\sqrt{\pi}} \left(\dfrac{m}{2\kappa T}\right)^{\frac{3}{2}} v^2 \exp\left(-\dfrac{mv^2}{2\kappa T}\right).$

概形は図 (上側) の通り.

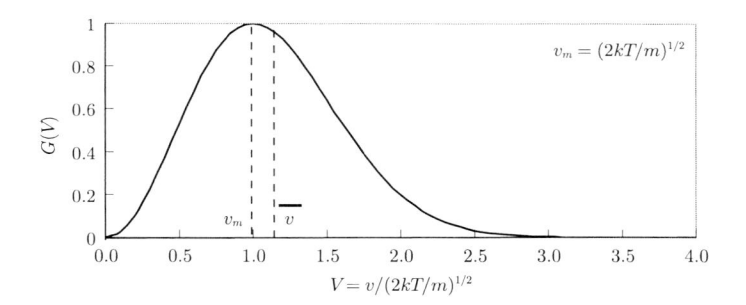

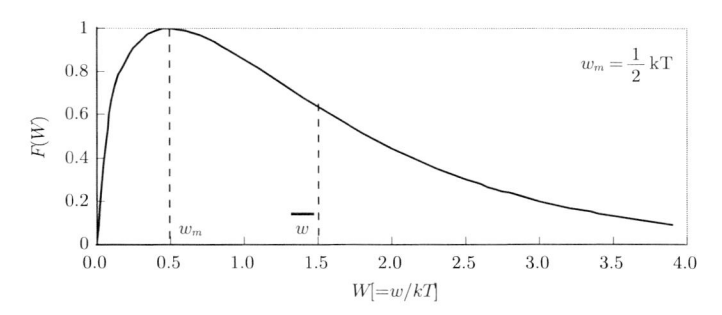

(2) $W = \dfrac{1}{2}mv^2$ より $dW = mvdv$. したがって

$$\int_0^\infty G(v)dv = \int_0^\infty G\left(\sqrt{\frac{2W}{m}}\right) \frac{dW}{mv} = \int_0^\infty F(W)dW$$

よって

$$F(W) = \frac{1}{m}\sqrt{\frac{m}{2W}} G\left(\sqrt{\frac{2W}{m}}\right) = \frac{2n_p}{\sqrt{\pi}(\kappa T)^{3/2}} \sqrt{W} \exp\left(-\frac{W}{\kappa T}\right).$$

概形は図 (下側) の通り.

(3) $\overline{v} = \sqrt{\dfrac{8\kappa T}{\pi m}}, \qquad \overline{W} = \dfrac{3}{2}\kappa T.$

7.2

(1) 平板上の点 P から伸ばした垂線を z 軸とし，P を中心とする半径 v の半球上の点と z 軸とのなす角を θ とする．球面の全面積を S とし，θ と $\theta + d\theta$ の間の半径 $v\sin\theta$，幅 $vd\theta$ の帯状の面積を dS とすると，平面へ向かう粒子流は
$$d\Gamma = v_z \dfrac{dS}{S} G(v) dv = \dfrac{1}{2}\cos\theta \sin\theta v G(v) d\theta dv.$$
したがって全粒子流束は $\Gamma = \displaystyle\int_0^\infty \int_0^{\pi/2} \dfrac{1}{2}\cos\theta\sin\theta v G(v) d\theta dv = \dfrac{1}{4}\int_0^\infty v G(v) dv.$

(2) $\Gamma = \dfrac{1}{4} n_e \overline{v}.$

7.3

(1) 球プローブの中心を通る直線 L に平行に a' だけ離れた直線上をプローブに向かって速度 v で運動する電子は，負電位 $(-V_p)$ のプローブのため減速されながら直線 L から外側へ逸れていくが，半径 a のプローブに速度 v_1 でちょうど接したとするとき a' を衝突パラメータという．角運動量保存則とエネルギー保存則より
$$a' m_e v = a m_e v_1, \qquad \dfrac{1}{2} m_e v^2 = \dfrac{1}{2} m_e v_1^2 + eV_p.$$
これらより v_1 を消去すると $W = \dfrac{1}{2} m_e v^2$ として次式を得る．
$$\pi a'^2 = \pi a^2 \left(1 - \dfrac{eV_p}{W}\right).$$

(2) 上式より $W > eV_p \equiv W_m = \dfrac{1}{2} m_e v_m^2$ なので v_m はプローブに入射できる電子の最小速度である．したがって電子電流は前問の結果を使うと A' をプローブ実効表面積として
$$I_e = -\dfrac{e}{4} \int_{v_m}^\infty A' v G(v) dv$$
となる．$W = \dfrac{1}{2} m_e v^2$ より $dW = m_e v dv$，$v = \sqrt{2W/m_e}$，および $G(\sqrt{2W/m_e}) = \sqrt{2m_e W} F(W)$ を使うと
$$I_e = -\dfrac{1}{4} eA \int_{eV_p}^\infty \sqrt{\dfrac{2W}{m_e}} \left(1 - \dfrac{eV_p}{W}\right) F(W) dW.$$

(3) 被積分関数を $\dfrac{dg(W)}{dW} = \sqrt{\dfrac{2W}{m_e}} \left(1 - \dfrac{eV_p}{W}\right) F(W)$ とおくと
$$I_e = -\dfrac{1}{4} eA \int_{eV_p}^\infty \dfrac{dg(W)}{dW} dW = -\dfrac{1}{4} eA \left. g(W) \right|_{eV_p}^\infty = \dfrac{1}{4} eA g(W) \bigg|_{W = eV_p}.$$

V_p で微分すると

$$\frac{dI_e}{dV_p} = \frac{1}{4}eA\frac{dg(W)}{dW}\frac{dW}{dV_p} = \frac{1}{4}e^2A\frac{dg(W)}{dW}\bigg|_{W=eV_p}.$$

$$\therefore \quad \frac{d^2I_e}{dV_p^2} = \frac{1}{4}e^2A\frac{d}{dW}\left(\frac{dg(W)}{dW}\right)\frac{dW}{dV_p}\bigg|_{W=eV_p} = \frac{1}{4}e^3A\sqrt{\frac{2eV_p}{m_e}}\frac{1}{eV_p}F(eV_p).$$

したがって $F(eV_p) = \dfrac{4}{Ae^2}\sqrt{\dfrac{m_eV_p}{2e}}\dfrac{d^2I_e}{dV_p^2}.$

7.4

(1) プラズマ中で速度 v のイオンはシースで加速され，分析器の入り口で速度 v_{in} とすると，エネルギー保存則より

$$W_i = \frac{1}{2}m_iv^2 = \frac{1}{2}m_iv_{in}^2 - eV_{sh} = \frac{eR}{2d}V_R - eV_{sh}.$$

V_R を変えるとピークが 1 つ出て W_i は決まるが，質量は区別できない．一方，$v_{in} = \sqrt{2(W_i + eV_{sh})/m_i}$ より，入射速度 v_{in} は m_i に依存する．入射部にシャッターを設けてパルス的にイオンを入射して測定した飛行時間差と W_i から質量を区別し，決定する．

(2) 同様にして

$$W_i = \frac{1}{2}m_iv^2 = \frac{1}{2}m_iv_{in}^2 - eV_{sh} = \frac{e^2R^2}{2m_i}B^2 - eV_{sh}.$$

磁界 B を変えるとピークは 2 つ出て区別できるが，W_i を決めないと m_i が決まらない．上の (1) の方法で W_i を測定してから m_i を決定する．

7.5

(1) $I = I_AI_B = AB\sin(\omega t + \theta)\sin(\omega t) = \dfrac{1}{2}AB(\cos\theta - \cos(2\omega t + \theta))$. したがって $\overline{I} = \dfrac{1}{2}AB\cos\theta.$

(2) 電磁波の波数は

$$k = \frac{\omega}{c}\sqrt{1 - \frac{\omega_{pe}^2}{\omega^2}} = \frac{\omega}{c}\sqrt{1 - \frac{e^2n_0}{\omega^2m_e\epsilon_0}\cos\left(\frac{\pi}{L}x\right)} \approx \frac{\omega}{c}\left(1 - \frac{e^2n_0}{2\omega^2m_e\epsilon_0}\cos\left(\frac{\pi}{L}x\right)\right).$$

したがって位相の遅れは

$$\Delta\varphi = \int_{-\frac{L}{2}}^{\frac{L}{2}}(k_0 - k)dx = \frac{e^2n_0}{2\omega m_e\epsilon_0c}\int_{-\frac{L}{2}}^{\frac{L}{2}}\cos\left(\frac{\pi}{L}x\right)dx = \frac{e^2n_0L}{\pi\omega m_e\epsilon_0c} = 2\pi.$$

ゆえに $n_0 = 2\pi^2\omega m_e\epsilon_0c/e^2L.$

第 8 章

8.1 磁気閉じ込め核融合には，トカマク型とヘリカル型があるが，どちらも基本的には，磁力線のまわりを荷電粒子が螺旋運動 (サイクロトロン運動) をすることで，磁力線にまきつくこと

を利用して，プラズマを閉じ込めて核融合反応を起こす方式である．外部から印加する磁界の圧力でプラズマを長時間安定に装置内に保持することができ，磁界の形状を工夫することで，高効率の閉じ込めが可能となる．

慣性核融合は，燃料プラズマを固体密度よりもさらに高密度に圧縮，加熱し，プラズマが飛散してしまう前，すなわちプラズマがそれ自体の慣性でその場所に留まっている間に核融合反応を起こしてエネルギーを取り出す方式である．燃料の圧縮と加熱のために大出力のレーザーを用いる慣性核融合をレーザー核融合とも呼ぶ．レーザー核融合炉は，パルス的なレーザーにより核融合出力が得られるため，出力負荷調整の自由度が高いという特徴があり，また，比較的小規模な装置で実現できるといわれている．

8.2 本文 8.3 節を参照せよ．

8.3 発振の媒質が気体のものは気体（ガス）レーザーと呼ばれ，炭酸ガス，ヘリウムネオン，アルゴンイオン，エキシマなどが使われている．エネルギー効率がよく，高出力を得られるのが特徴である．

媒質が液体であるレーザーを液体レーザーといい，色素分子を有機溶媒に溶かした有機色素を媒質とした色素レーザーがよく利用されている．色素レーザーの利点は使用する色素や共振器の調節によって発振波長を自由に，かつ連続的に選択できることである．

媒体が固体であるものを固体レーザーという．通常，結晶を構成する原子の一部が他の元素に置き換わった構造を持つ人工結晶が用いられ，クロムを添加したルビー結晶によるルビーレーザーやサファイアにチタンを添加した結晶を媒質に使用したチタンサファイアレーザーがあり，後者は超短パルス発振が可能である．さらに，媒体が半導体である固体レーザーは，半導体レーザーと呼ばれ，レーザーポインターなどの低出力のレーザーに主に使用されており，安価で小型なため利用が広まっている．

第 9 章

9.1 一例としてプラズマ溶射があり，これは熱平衡プラズマ中に粉体などを注入して，それを溶融粒子として基板上に堆積させて薄膜を作製する方法である．プラズマ溶射は経済的に優れ，かつ高速堆積が可能であり，従来から広く用いられている．また，原子力発電所から発生する低レベル放射性廃棄物のうち，不燃・難燃性固体廃棄物の減容化と安定化にプラズマ溶融処理が利用されている．このプラズマ溶融処理方法のうち，酸素をプラズマとして用いることにより，難燃物の迅速な分解燃焼処理が可能であることから，最適な処理方法と考えられている．

9.2 本文 9.3 節を参照せよ．

9.3 プラズマ推進機は，化学ロケットにおける燃焼ガスの代わりに，プラズマを噴出させることで推力を得るロケットエンジンである．しかしながら，推力が 0.1 mN と非常に小さいため，重力の極めて小さい宇宙空間で主に利用される．特徴としては，燃費（比推力）が極めて良い（高い）ため，長期のミッションが必要な，探査機や静止衛星などへ利用されている．

9.4 半導体・金属ナノ粒子，内包フラーレン，有機・無機ナノチューブ，生体分子–ナノカーボン複合物質など，他にも多数ある．その作製法や特性などについては，様々な文献があるので，それらを参照のこと．

参 考 文 献

1) Fransis F. Chen（内田岱二郎訳）:「プラズマ物理入門」, 丸善, 1977 年.
2) 関口　忠:「プラズマ工学」, 電気学会, 1997 年.
3) 菅井秀郎:「プラズマエレクトロニクス」, オーム社, 2000 年.
4) 赤崎正則, 村岡克紀, 渡辺征夫, 蛯原健治:「プラズマ工学の基礎」, 産業図書, 1984 年.
5) 高村秀一:「プラズマ理工学入門」, 森北出版, 1997 年.
6) 八田吉典:「気体放電」, 近代科学社, 1968 年.
7) 武田　進:「気体放電の基礎」, 東明社, 1985 年.
8) 関口　忠:「現代プラズマ理工学」, オーム社, 1979 年.
9) Brian N. Chapman（岡本幸雄訳）:「プラズマプロセシングの基礎」, 電気書院, 1997 年.
10) プラズマ・核融合学会編:「プラズマの生成と診断——応用への道」, コロナ社, 2004 年.
11) J. S. Chang, R. M. Hobson, 市川幸美, 金田輝男:「電離気体の原子・分子過程」, 東京電機大学出版局, 1982 年.
12) 堤井信力, 小野　茂:「プラズマ気相反応工学」, 内田老鶴圃, 2000 年.
13) プラズマ・核融合学会編:「プラズマ診断の基礎」, 名古屋大学出版会, 1990 年.
14) 日本学術振興会プラズマ材料科学第 153 委員会:「大気圧プラズマ——基礎と応用」, オーム社, 2009 年.

索　引

欧　文

α 作用　69
β 作用　70
CARS　119
CCP 放電装置　90
$E \times B$ ドリフト　9, 82, 88
ECR　98, 100
ECR プラズマ方式　130
γ 作用　70
ICP 放電装置　92, 95
ITER　128
LIF　119
L 波　99
MHD 不安定性　59
MMT　92
∇B ドリフト　11, 88
pd 積　72
Q マシーン　85
R 波　99
TCP　92

ア　行

アインシュタインの関係式　78
アーク柱　143
アーク放電　74, 141, 148
アストン暗部　76
アルファ粒子　125
アルフベン速度　59
アルフベン波　55, 59
案内中心　6

イオンアシスト　91
イオン液体　150
イオンエンジン　152
イオン音波　40
イオンサイクロトロン波　43
イオンシース　87
イオンプラズマ周波数　26
イオンプレーティング　135
イオン粒子束　16
異常拡散　45
異常グロー　75
異常波　54
位相速度　37, 100
移動度　78
異方性エッチング　91, 133
陰極暗部　76
陰極降下部　76
陰極層　76

運動方程式　33
運動論的モデル　32

エキシマレーザー　138
液体電極　149
エッチング　91, 132
エネルギー増倍率　127
エネルギー分布関数　110
円偏波　54

オームの法則　35

カ　行

拡散係数　16, 78
拡散時間　81
拡散方程式　80
核融合　123
核融合積　128

索引　　　177

核力　123
重ね合わせの原理　38
カーボンナノチューブ　147, 155
干渉法　114
完全電離プラズマ　2, 64

気体レーザー　137
基底状態　68
強結合パラメータ　104
強結合プラズマ　27, 104
共鳴　54
共鳴磁界　100
共鳴粒子　47
局所熱平衡モデル　116
キンク不安定性　59

屈折率　99, 113
クロスフィールド放電　88
グロー放電　74, 141
クーロン結晶　105
クーロン衝突　14
群速度　37, 100

血液凝固　157
結合パラメータ　27, 95

高圧放電ランプ　136
高周波放電　89
交流放電　87
コサイン分布　80
コヒーレントアンチストークスラマン分光法　119
孤立波　48
コロナ放電　74
コロナモデル　116

サ 行

サイクロトロン角周波数　5
サイクロトロン共鳴　6
再結合　79
最小発熱の定理　143
サハの式　85

磁界偏向型エネルギー分析器　111
磁気圧　58
閾値密度　93
磁気鏡　8
磁気圏　62
磁気再結合　61
磁気ピンチ　58
磁気プローブ法　112
磁気モーメント　7
自己点火条件　127
自己バイアス　91
シース　22
質量欠損　123
質量密度　59
弱電離プラズマ　64
遮断　54
遮断周波数　52
重水素　124
集団的応答　93
集団的性質　3
シュタルク幅法　118
受動的測定法　107
シュリーレン像　102, 107
ジュール加熱　18, 87
準安定準位　68
衝撃波　48
状態方程式　33
衝突時間　15, 65
衝突周波数　15, 65
衝突断面積　14, 65
衝突電離係数　69
衝突頻度　66
シラン　129
磁力線の凍結　56
シングルプローブ法　108

ストリーマ理論　74
スパッタ堆積法　91, 131
スプレープロセシング　144
スペクトル線強度比法　116
スペクトル線幅　117

正規グロー放電　74

正常波　54
静電的応答　36
静電波　36
静電偏向型エネルギー分析器　111
接触電離　85

相似律　73
相転移　104
速度分布関数　4, 31
ソーセージ不安定　59
損失係数　67

タ　行

大気圧非平衡プラズマ　145
ダイナモ起電力　62
タウンゼント　69
多光子吸収モデル　102
ダストプラズマ　104
多体衝突　14
ダブルプローブ法　109
単純コイル　112
弾性衝突　66
断熱変化　35

中性子星　63
直流放電　86

冷たいプラズマ　50

低電離プラズマ　2, 64
デバイ遮蔽　20
デバイ長　20
電気抵抗　18
電子サイクロトロン共鳴　98
電子状態　66
電子親和力　86
電子波　38
電磁波の屈折率　99
電子プラズマ周波数　26
電子プラズマ振動数　26
電磁流体力学的（MHD）不安定性　59
電磁流体力学方程式　34

電離　1
電離エネルギー　68
電離気体　1, 64
電離周波数　80
電離状態　68
電離層　52
電離電圧　69
電離度　85

透過法　113
統計的に加熱　91
トカマク　12
トカマク方式　128
閉じ込め効果　89
トップダウン　153
ドップラーシフト　100
ドップラー幅　115
ドップラー幅法　117
トムソン散乱　115
ドライエッチング　133
トーラス配位　12
ドラッグデリバリーシステム　157
トランス結合プラズマ　92
トリチウム　124
ドリフト電流　89
ドリフト波　45

ナ　行

内部エネルギー　67
ナノテクノロジー　153

2次電子放出係数　70
二流体モデル　33

熱イオン放出　86
熱速度　39
熱電子放出　86, 141
熱電離プラズマ　143
熱プラズマジェット　143
熱プラズマプロセシング　144
熱平衡状態　85
熱平衡プラズマ　141

能動的測定法　107

ハ 行

バイオセンサー　158
バイオ分子デバイス　159
薄膜堆積　91
パッシェン曲線　72
ハリコフ形アンテナ　100
パルサー　62
パルスコロナ放電　148
パワー吸収曲線　98
反磁性　6
反磁性ドリフト　82
反射法　113
半導体集積回路　154
反応活性種　118
反応性イオンエッチング　133
反応性プラズマ　118

光電離　102
微細加工　154
比推力　151
非線形効果　48
左回り円偏波　99
非弾性衝突　66
火花電圧　71
表皮効果　52
表皮の厚さ　52, 94, 114
表面改質　134
表面波　53
表面波プラズマ源　97
微粒子プラズマ　104

ファラデー暗部　76
ファラデーカップ　110
負イオン生成　85
負イオンプラズマ　86
負グロー　76
浮遊電位　24, 109
プラズマエッチング　132
プラズマエミッタ法　86
プラズマ温度　4

プラズマ化学気相堆積法　129
プラズマ重合　132
プラズマ振動　25
プラズマ推進機　150
プラズマディスプレイパネル　139
プラズマ電位　108
プラズマの集団運動効果　26
プラズマの条件　104
プラズマ密度　3
プラズマ溶射　144
ブランケット　125
プラント効率　127
フーリエ分解　38
プリシース　22
ブロッキングコンデンサ　91
フローティング電位　109
分散（関係）式　38

ペアプラズマ　42
平均自由行程　15, 65
ベータ比　58
ベッセル関数　54
ペニング放電　88
ヘリカルアンテナ　100
ヘリカル系　13
ヘリカル方式　128
ヘリコン波プラズマ源　100
変位電流　50
変換効率　126
変形マグネトロン型高周波放電装置　92

ポアソンの式　86
ホイッスラー波　55, 100
放電開始条件　71
放電開始電圧　71
放電ランプ　135
ボトムアップ　154
ボーム拡散　82
ボーム条件　23, 108
ホール推進機　152
ボルツマンの関係式　19
ボルツマン分布　20
ボルツマン方程式　32

ホロー陰極放電　87
ホロー効果　88

マ　行

マイクロ波放電　95
マイクロプラズマ　147
マクスウェル速度分布　66, 108
マクスウェル方程式　30
マグネトロンスパッタ方式　131
マグネトロン放電　88

右回り円偏波　99
ミラー磁界配位　8, 88

無声放電　146

滅菌・殺菌　156

モード数　100

ヤ　行

誘電体バリア放電　146
誘導結合型高周波放電プラズマ　92
誘導結合型プラズマ方式　130
輸送方程式　33

陽光柱　76
容量結合型高周波放電プラズマ　90
容量結合型プラズマ方式　130
横波　50

ラ　行

ラジカル　118

ラーマー半径　5
ラマンスペクトル　120
ラムザー効果　66
ラングミューア　1
乱雑粒子束　16
ランダウ減衰　47, 101

粒子的応答　93
粒子的性質　3
粒子の保存式　17
流体モデル　32
両極性拡散係数　79
両極性電界　79
臨界プラズマ条件　127

ループ形アンテナ　100

励起エネルギー　68
励起状態　68
レーザー　101, 137
レーザーアブレーションプラズマ　103
レーザー吸収法　118
レーザー方式　128
レーザー誘起蛍光法　119
レジスト　133
連続の式　33, 79

ロゴスキーコイル　112
ローソン図　127
ローレンツ力　5

ワ　行

湾曲磁界　88
湾曲ドリフト　10

著者略歴

畠山　力三（はたけやま　りきぞう）

1947 年　秋田県に生まれる
1976 年　東北大学大学院工学研究科博士課程修了
現　在　東北大学名誉教授
　　　　工学博士

飯塚　哲（いいづか　さとる）

1952 年　群馬県に生まれる
1979 年　東北大学大学院工学研究科博士課程修了
現　在　東北大学大学院工学研究科准教授
　　　　工学博士

金子　俊郎（かねこ　としろう）

1969 年　宮城県に生まれる
1997 年　東北大学大学院工学研究科博士課程修了
現　在　東北大学大学院工学研究科教授
　　　　博士（工学）

電気・電子工学基礎シリーズ 11
プラズマ理工学基礎

定価はカバーに表示

2012 年 3 月 30 日　初版第 1 刷
2020 年 10 月 25 日　　　第 4 刷

著　者　畠　山　力　三
　　　　飯　塚　　　哲
　　　　金　子　俊　郎
発行者　朝　倉　誠　造
発行所　株式会社　朝　倉　書　店
　　　　東京都新宿区新小川町 6-29
　　　　郵便番号　162-8707
　　　　電　話　03(3260)0141
　　　　ＦＡＸ　03(3260)0180
　　　　http://www.asakura.co.jp

〈検印省略〉

©2012 〈無断複写・転載を禁ず〉　　中央印刷・渡辺製本

ISBN 978-4-254-22881-6　C 3354　　Printed in Japan

JCOPY ＜出版者著作権管理機構　委託出版物＞

本書の無断複写は著作権法上での例外を除き禁じられています．複写される場合は，そのつど事前に，出版者著作権管理機構（電話 03-5244-5088, FAX 03-5244-5089, e-mail: info@jcopy.or.jp）の許諾を得てください．

好評の事典・辞典・ハンドブック

物理データ事典	日本物理学会 編　B5判 600頁
現代物理学ハンドブック	鈴木増雄ほか 訳　A5判 448頁
物理学大事典	鈴木増雄ほか 編　B5判 896頁
統計物理学ハンドブック	鈴木増雄ほか 訳　A5判 608頁
素粒子物理学ハンドブック	山田作衛ほか 編　A5判 688頁
超伝導ハンドブック	福山秀敏ほか 編　A5判 328頁
化学測定の事典	梅澤喜夫 編　A5判 352頁
炭素の事典	伊与田正彦ほか 編　A5判 660頁
元素大百科事典	渡辺 正 監訳　B5判 712頁
ガラスの百科事典	作花済夫ほか 編　A5判 696頁
セラミックスの事典	山村 博ほか 監修　A5判 496頁
高分子分析ハンドブック	高分子分析研究懇談会 編　B5判 1268頁
エネルギーの事典	日本エネルギー学会 編　B5判 768頁
モータの事典	曽根 悟ほか 編　B5判 520頁
電子物性・材料の事典	森泉豊栄ほか 編　A5判 696頁
電子材料ハンドブック	木村忠正ほか 編　B5判 1012頁
計算力学ハンドブック	矢川元基ほか 編　B5判 680頁
コンクリート工学ハンドブック	小柳 洽ほか 編　B5判 1536頁
測量工学ハンドブック	村井俊治 編　B5判 544頁
建築設備ハンドブック	紀谷文樹ほか 編　B5判 948頁
建築大百科事典	長澤 泰ほか 編　B5判 720頁

価格・概要等は小社ホームページをご覧ください．